AF388470

Franz Ringswirth

Generisches Prozessebenenmodell (PrEMo) zwischen Strategie und technologiegestützten Maßnahmen

Systematische Darstellung für die praktische Anwendung

Ringswirth, Franz: Generisches Prozessebenenmodell (PrEMo) zwischen Strategie und technologiegestützten Maßnahmen: Systematische Darstellung für die praktische Anwendung, Hamburg, disserta Verlag, 2014

Buch-ISBN: 978-3-95425-860-4
PDF-eBook-ISBN: 978-3-95425-861-1
Druck/Herstellung: disserta Verlag, Hamburg, 2014
Covermotiv: © carlosgardel – Fotolia.com

Bibliografische Information der Deutschen Nationalbibliothek:
Die Deutsche Nationalbibliothek verzeichnet diese Publikation in der Deutschen Nationalbibliografie; detaillierte bibliografische Daten sind im Internet über http://dnb.d-nb.de abrufbar.

Das Werk einschließlich aller seiner Teile ist urheberrechtlich geschützt. Jede Verwertung außerhalb der Grenzen des Urheberrechtsgesetzes ist ohne Zustimmung des Verlages unzulässig und strafbar. Dies gilt insbesondere für Vervielfältigungen, Übersetzungen, Mikroverfilmungen und die Einspeicherung und Bearbeitung in elektronischen Systemen.

Die Wiedergabe von Gebrauchsnamen, Handelsnamen, Warenbezeichnungen usw. in diesem Werk berechtigt auch ohne besondere Kennzeichnung nicht zu der Annahme, dass solche Namen im Sinne der Warenzeichen- und Markenschutz-Gesetzgebung als frei zu betrachten wären und daher von jedermann benutzt werden dürften.

Die Informationen in diesem Werk wurden mit Sorgfalt erarbeitet. Dennoch können Fehler nicht vollständig ausgeschlossen werden und die Diplomica Verlag GmbH, die Autoren oder Übersetzer übernehmen keine juristische Verantwortung oder irgendeine Haftung für evtl. verbliebene fehlerhafte Angaben und deren Folgen.

Alle Rechte vorbehalten

© disserta Verlag, Imprint der Diplomica Verlag GmbH
Hermannstal 119k, 22119 Hamburg
http://www.disserta-verlag.de, Hamburg 2014
Printed in Germany

Danksagung/Widmung

Mein Dank gilt all jenen, die zum Gelingen dieser Arbeit beigetragen haben.

Meinen besonderen Dank möchte ich gegenüber …

…dem Lehrgangsleiter Herr Mag. Nikolai Neumayer aussprechen. Seine Anregungen gaben dieser Arbeit den letzten Schliff.

…den Experten, Herr Univ.-Lekt. DI Dr. Karl Wagner, Herr Univ.-Lekt. DI Dr. Christian Fichtenbauer, Herr Dr. Stefan Bergsmann und Herr DI Burkhard Neuper aussprechen, welche durch ihre Erfahrungen zur umgesetzten Praxis und der Bewertung des entwickelten Prozessebenenmodells einen wertvollen Beitrag zum Ergebnis leisteten.

…den Vortragenden und den Mitgliedern der Donau-Universität Krems aussprechen, die durch den exzellenten Rahmen, ein optimales wissenschaftliches Arbeiten ermöglichten.

Kurzbeschreibung

In Unternehmen gewinnt die prozessorientierte Betrachtungsweise aufgrund der vermehrten Kundenorientierung, des erhöhten Konkurrenzdrucks, der innerbetrieblichen Expansion und der wachsenden Globalisierung der Märkte zunehmend an Bedeutung. Infolge steigender Komplexität der Geschäftsprozesse bei gleichzeitiger Anforderung an die Flexibilität, aber auch Stabilität der Prozesse, liegt die Notwendigkeit einer Standardisierung bei der Geschäftsprozessmodellierung.

Einen wesentlichen Teil zur Standardisierung der Geschäftsprozessmodellierung trägt ein Prozessebenenmodell bei. Hier ist definiert, welche Art von Prozess mit welchem Detaillierungsgrad und Ausrichtung (Kernaussage) welcher Prozessebene zuzuordnen ist.

In der vorliegenden Arbeit wird einerseits bewiesen, dass es kein detailliert beschriebenes und standardisiertes Prozessebenenmodell, zwischen Strategie und technologiegestützten Maßnahmen gibt und andererseits Eines entwickelt, welches zudem, ausgewählten, Experten zur Evaluierung präsentiert wurde.

Einleitend wird das Thema und dessen Relevanz der Master Thesis vorgestellt. Im Anschluss wird im Literaturteil über die theoretischen Grundlagen, Konzepte und Begriffsdefinitionen eingegangen. Einen aktuellen Status geben die Experten, welche zur umgesetzten Praxis dieser theoretischen Grundlagen, Stellung nehmen. Im Hauptteil wird das entwickelte generische Prozessebenenmodell vertiefend vorgestellt. Anhand des Forschungsdesigns werden die Recherchestrategie, die Datenerhebung samt Auswertung der Experteninterviews und die Evaluierung des Prozessebenenmodells durch die Experten dargelegt. Abschließend wird die Forschungsfrage beantwortet, indem das neu entwickelte Prozessebenenmodell eine durchgängige und standardisierte Geschäftsprozessmodellierung in Unternehmen gewährleistet.

Abstract

Due to increasing customer orientation, competitive pressures, intra-corporate growth as well as the increasing globalization of markets a process-oriented approach is becoming more and more important for companies. As a result of rising complexity of business processes with its requirements on flexibility as well as on stability of processes, the need for standardization of business process modeling has become essential.

A major part towards the standardization of business process modeling is aided by a process level model. Here is defined, which kind of process with which level of detail as well as focus (core message) can be related to which process level.

On the one hand, the present paper demonstrates that there is no standardized process level model between strategy and technology-based measures which is described in detail. On the other hand, a model was developed which was presented to selected experts for evaluation purposes.

In the introductory part of this master thesis the topic along with its relevance will be presented. Subsequently, the theoretical part deals with general principles, concepts and definitions. An overview of the present status will be given by experts who will also comment on the practical implementation of the theoretical principles. In the main part of the thesis the generic process level model will be presented in depth. Based on the design of the study the research strategy as well as the data assessment including the analysis of the expert interviews and the evaluations of the process level model by the experts will be demonstrated. In the final part of this thesis the research question will be answered as the newly developed process level model guarantees consistent and standardized business process modeling within companies.

Inhaltsverzeichnis

1 Vorwort

Aufgrund der Erfahrungen des Autors dieser Arbeit, welcher sich bereits sechszehn Jahre im Prozessmanagement-Umfeld bewegt und derzeit als Chief Process Officer in einem der größten Unternehmen Österreichs tätig ist, wurde der stetig vorherrschende Bedarf einer Standardisierung in der Geschäftsprozessmodellierung erkannt. In diesem Zusammenhang wurde dieses Thema in Form einer Forschungsfrage aufgegriffen und ein generisches Prozessebenenmodell zur standardisierten Geschäftsprozessmodellierung entwickelt.

Dieses Prozessebenenmodell ist als systematische Darstellung zu verstehen und dient der Orientierung oder Anregung für die praktische Anwendung. Eine allgemeingültige und organisationsunabhängige Anwendung wird durch den generischen Ansatz des Prozessebenenmodells ermöglicht.

Dabei soll dieses generische Prozessebenenmodell als kein fixes Korsett verstanden werden. Vielmehr kann es in Abhängigkeit des Zieles oder des Reifegrades der Kernprozesse, flexibel angewandt und etabliert werden, ohne jedoch im Gesamten an Durchgängigkeit zu verlieren. Zudem kann die Handhabung abhängig der Zielsetzung einer Integration des Prozessebenenmodells in bestehende Prozessdokumentationen, der Dimension der Prozesslandschaft, der Komplexität der Prozessabläufe, der Notwendigkeit der Standardisierung usw. gemacht werden.

In dieser Arbeit wird explizit nicht auf Prozessinhalte, auf die Unternehmensstrategiefindung, Prozessmanagementmethoden (z.B. Prozesskostenrechnung, Simulation etc) und auf das Prozessmanagement als System eingegangen. Alle dargestellten Prozesse in Abbildungen, sind als schemen- und symbolhafte Beispiele aufzufassen und erheben keinen Anspruch auf inhaltliche Vollständigkeit oder Richtigkeit.

Im Prozessmanagement gibt es unterschiedliche Formen der Darstellung eines Prozesses (Notation). Diese können in verschiedenen, am Markt angebotenen Modellierungswerkzeugen dargestellt werden. Diese Arbeit wird in einem darstellungsneutralen- und toolunabhängigen Kontext behandelt. Daraus ergibt sich auch, dass auf keine Hersteller von Tools und bestimmten Notationen im Rahmen der Arbeit verwiesen wird.

„Eine Notation für die grafische Geschäftsprozessmodellierung legt unter anderem fest, mit welchen Symbolen die verschiedenen Elemente von Prozessen dargestellt werden, was sie genau bedeuten und wie sie miteinander kombiniert werden können.

Eine solche Notation ist also eine einheitliche Sprache zur Beschreibung von Geschäftsprozessen. Jeder, der diese Sprache beherrscht, ist in der Lage, die von anderen erstellten Modelle zu verstehen."[1]

Im entwickelten Prozessebenenmodell wird nicht auf eine weitere Unterscheidung nach Sichten eingegangen, um den Grad der Komplexität gering zu halten.

PrEMo als Wort, wird in dieser Arbeit als Abkürzung für das **Pr**ozess**e**benen**mo**dell verwendet.

Die Inhalte sprechen Frauen und Männer gleichermaßen an. Zur besseren Lesbarkeit wird nur die männliche Sprachform verwendet.

---

[1] Allweyer, Thomas (2009, S. 8).

2 Einleitung

2.1 Ausgangssituation

Die Geschäftsprozessmodellierung ist ein integraler Bestandteil des Prozessmanagements.[2] Dabei sind alle Faktoren zu erheben und zu ermitteln, die für den Prozess förderlich oder hinderlich sind. Die Geschäftsprozessmodellierung beinhaltet die Aktivitäten zur Ist- und Soll-Prozessdarstellung. Dazu werden Methoden, Modelle und Techniken eingesetzt, die dem Verständnis dienen und eine Analyse, Konzeption und Messung ermöglichen. Der Geschäftsprozess kann auf verschiedene Detaillierungsebenen dargestellt werden. Prozesse sind bei der Geschäftsprozessmodellierung mit der für den jeweiligen Zweck angemessenen Exaktheit zu beschreiben.[3]

Mit steigender Prozessanzahl steigt auch der Bedarf nach Standardisierung in der Geschäftsprozessmodellierung. Dabei stellt ein generisches Prozessebenenmodell ein hilfreiches Instrumentarium dar.

Schmelzer und Sesselmann lösen die Prozessstandardisierung mittels einem Prozessmodell und bezeichnen dieses aus dem allgemeinen Kontext heraus, als Unternehmensprozessmodell. Ein Prozessebenenmodell entspricht einem Unternehmensprozessmodell und beinhaltet Geschäftsprozesse und Regeln, welche die Basis für die Definition und Strukturierung von Geschäftsprozessen darstellt. Dabei unterstützt ein Prozessebenenmodell die Ableitung, die Standardisierung, die strukturierte Modellierung von Geschäftsprozessen und ermöglicht die bessere Nutzung von Best-Practice Erfahrungen einschließlich der internen und externen Benchmark. Dabei leistet ein Prozessebenenmodell einen Beitrag zur:

- nachhaltigen Steigerung der Effektivität und Effizienz der Geschäftsprozesse
- erhöhten Transparenz
- besseren Durchgängigkeit
- systematischen Standardisierung
- Integration von Best-Practice Ansätzen
- Verbesserung der übergreifenden Zusammenarbeit
- frühzeitigen Erkennung und Nutzung von Synergiepotenzialen

---

[2] Vgl. Wagner Karl W., Patzak Gerold (2007, S. 287).
[3] Vgl. European Association of Business Process Management, (2009, S. 46, 57, 59).

Ein Prozessebenenmodell besteht aus mehreren Ebenen und ist als Baukastensystem konzipiert. Die relevanten Komponenten können entsprechend ihren geschäftsspezifischen Anforderungen und Gegebenheiten eingesetzt werden. Es werden dadurch Ansprüche an die Flexibilität erfüllt. Die Balance einer sinnvollen Standardisierung im Prozessebenenmodell wird dadurch erreicht, indem in den oberen Ebenen Prozessstandards vorgegeben werden und in den tieferen Prozessebenen Gestaltungsräume gewährt werden.[4]

Nachdem eine Notwendigkeit einer Standardisierung der Geschäftsprozessmodellierung vorherrscht und ein generisches Prozessebenenmodell einen wesentlichen Teil dazu beitragen kann, wird in dieser Arbeit dieses Thema als Forschungsgegenstand aufgegriffen, tiefgründig hinterfragt und eine Antwort auf vorherrschende Probleme gefunden.

2.2 Forschungsgegenstand

Entwicklung eines generischen Prozessebenenmodells
zur standardisierten Geschäftsprozessmodellierung
zwischen Strategie und technologiegestützten Maßnahmen.
Systematische Darstellung als Orientierung für die praktische Anwendung

Die Geschäftsprozessmodellierung ist eine Tätigkeit einer graphischen Darstellung von Prozessen und kann auch als Prozessvisualisierung interpretiert werden. In Abhängigkeit der Zielsetzung werden die Prozesse unterschiedlich detailliert dargestellt, von den groben Überblicksprozessen bis zu den einzelnen Datenflussprozessen. Je mehr Prozesse dokumentiert werden, umso notwendiger ist eine zuordenbare hierarchische Prozessstruktur. Damit Prozesse stimmig nach Abhängigkeiten, Zusammenhängen, Detaillierungsgrad und Schwerpunkten zugeordnet werden können, ist eine Prozessstruktur idealerweise nach einem generischen Prozessebenenmodell auszurichten.

Dieses Prozessebenenmodell ist methodisch durchgängig aufgebaut und stellt das lückenlose Bindeglied zwischen Strategie und technologiegestützten Maßnahmen dar. Die Durchgängigkeit erstreckt sich ausgehend von der Strategie über die wertschöpfenden Kernprozesse und den Detailprozessen samt den weiterführenden technologiegestützten Prozessen, bis hin zu den Systemen und Datenfeldern oder einer Serviceorientierten Architektur (SOA). Diese Durchgängigkeit wird auch als Top-down Ansatz

---

[4] Vgl. Schmelzer Hermann J., Sesselmann Wolfgang (2010, S. 215f).

bezeichnet. Einen Top-down Ansatz beschreibt Josuttis folgend: „Beim Top-down Ansatz zerlegt man ein Problem, System oder einen Prozess so lange, immer wieder in kleinere Einheiten, bis man schließlich bei (Basis-) Services landet"[5].

Gerade in Unternehmen mit umfangreichen Organisationsformen, einer Vielzahl an komplexen Prozessabläufen und Prozessmanagern, verteilt in diversen Abteilungen, ist eine einheitliche Methode und Struktur (Standards) für die Geschäftsprozessmodellierung unumgänglich.

Die Standardisierung und Vereinheitlichung der Dokumentation und eine unternehmensweite Dokumentationsrichtlinie tragen zur Qualität der über die Jahre entstehenden Dokumentation bei.[6]

Zumeist gibt es einen einheitlichen Dokumentationsstandard, welcher in Konventionen für die Prozessmodellierung zentral vorgegeben wird. Da in einem schnelllebigen Geschäftsumfeld die Anforderungen an die Prozesse ständig wechseln, ist ein flexibler Aufbau des Prozessebenenmodells notwendig. Der flexible Aufbau des Modells gilt dann als gelungen, wenn eine zentrale Prozessmanagementeinheit jederzeit die Struktur des Prozessebenenmodells ändern und anpassen kann, ohne die logischen Zusammenhänge der Prozesse zu verlieren und umfangreiche Schulungsmaßnahmen für die Vielzahl der Prozessmanager durchführen zu müssen. Ein Beispiel für die Notwendigkeit könnte ein neuer innovativer Ansatz in Produktprozessen oder ein neuer künftiger Servicestandard für die Kundenprozesse sein, welche zentral im Prozessebenenmodell in Form von Masterprozessen (Referenzprozess als Orientierung bzw. Grundlage zur Ableitung) integriert werden. Um dieses Prozessebenenmodell abzurunden, befinden sich darin zukunftsorientierte Prozessausrichtungen wie z.B. Service Lifecycle Management, Customer Lifecycle Management, Product Lifecycle Management oder Prozessmethoden wie z.B. Prozessbausteine. Zusätzlich ist die Möglichkeit enthalten, wie laufend Prozesse der nächsten Generation in den Prozessstandard integriert werden können, ohne große Änderungen an der Grundstruktur durchführen zu müssen.

Diese Ausrichtung nach den Produkt-, Kunden- und Serviceprozessen, stehen speziell in Dienstleistungsunternehmen im Vordergrund[7], welche einen erheblichen wertschöpfenden Anteil des Unternehmens ausmachen.

---

[5] Josuttis, Nicolai (2009, S. 106).
[6] Vgl. Paschke, Krzysztof (2011, S. 244).

2.3 Problemstellung

In Unternehmen, welche sich mit Prozessmanagement beschäftigten, fehlt es oft an einheitlicher Prozessmanagementstruktur. Je mehr Prozessmanager in unterschiedlichsten Prozessmanagementeinheiten eine Vielzahl an Prozessen dokumentieren, welche zusätzlich noch unterschiedliche Detaillierungsgrade und Sichtweisen aufweisen (z.B. produktorientierte-, kundenorientierte- oder IT-systemorientierte Prozesse), desto weniger Übersicht, einheitliche Granularität, inhaltlicher Zusammenhang und einheitliche Informationsbasis entsteht. Diese Entwicklung kann man mit einheitlichen Konventionen für Prozessmodellierung (mit welchen Symbolen wird in welchem Tool dokumentiert), Schulungen und einheitlichen Prozessmanagementmethoden entgegenwirken. Im Idealfall wird dieses durch eine zentrale organisatorische Prozessmanagementeinheit entwickelt und gegenüber allen dezentralen Prozessmanagern in den verschiedensten Fachabteilungen verantwortet. Ein wesentlicher Teil dieser Prozessmanagementmethoden betrifft das Prozessebenenmodell. Hier ist definiert, welche Art von Prozess mit welchem Detaillierungsgrad und Ausrichtung (Kernaussage) welcher Prozessebene zuzuordnen ist.

Zumeist werden hier nur die klassischen Ebenen wie Prozesslandkarte, Hauptprozessebene, Teilprozessebene und Detailprozessebene definiert, welche in der Vielzahl an Prozessmanagement Literatur zu finden ist und somit eher einen großen Spielraum für unstrukturierte Geschäftsprozessmodellierungen zulassen. Weiterführend sind diese Modelle zumeist starr und wenig an der aktuellen Unternehmensstrategie ausgerichtet. Das heißt, bei jeder Änderung der Unternehmensstrategie mit Auswirkung auf die Prozesse, müsste ein starres Prozessebenenmodell angepasst, eine Vielzahl an Prozessen neu zugeordnet und sämtliche abhängige Informationsempfänger und Prozessmanager darüber informiert oder neu geschult werden.

Genau diese Problematik wurde aufgenommen und versucht, mittels der Forschungsfrage eine Recherche über den Status-Quo in der Literatur und der umgesetzten Praxis durchzuführen und eine Lösung anhand eines ganzheitlich durchgängigen Prozessebenenmodells zu entwickeln.

Forschungsfrage: ***Wie muss ein generisches Prozessebenenmodell aufgebaut sein, um eine durchgängige und standardisierte Geschäftsprozessmodellierung in Unternehmen zu erreichen?***

---

[7] Vgl. Kaplan Robert S., Norton David P. (2004, S. 300f).

2.4 Anforderungen an das Prozessebenenmodell

2.4.1 Generischer Ansatz

Dieses Prozessebenenmodell soll ein generisches Modell, im Gegensatz zu einem
Spezifischen sein. Denn, verschiedene spezifische Prozessebenenmodelle je Unter-
nehmen, je Spate, je Fachbereich u.ä. würden einer Generalisierung und somit einer
Homogenität entgegenstehen. Unter Generalisation wird Folgendes verstanden:
„Konkrete, zusammengehörige Propositionen können durch begrifflich übergeordnete,
abstraktere (Makro-) Propositionen zusammengefasst werden. Dies kann sich auf
Prädikate oder Argumente von Propositionen beziehen".[8]

2.4.2 Variabler Einsatz

Das Prozessebenenmodell soll in Unternehmen mit umfangreichen Organisationsformen in vollem Ausmaß zum Einsatz kommen können. Der große Mehrwert liegt genau
dort, wo eine Vielzahl an Prozessmanagern, Abteilungen, Prozessen und Informations-
träger vorhanden sind. Zumeist ist dieses Gefüge in Großunternehmen vorzufinden. In
Kleine und mittlere Unternehmen soll der Einsatz auch in minimierter Form erfolgen.
Das bedeutet, dass Unternehmen kleinerer Dimension, dieses Prozessebenenmodell
als Referenz heranziehen und somit nur die relevanten Strukturen anwenden können,
jedoch nicht strikt alle Ebenen davon in Gebrauch nehmen müssen. Somit soll das
generische Prozessebenenmodell variabel einsetzbar sein, welches eher von der
Zielsetzung und Unternehmenskomplexität abhängt, als von der Unternehmensgröße.

2.4.3 Durchgängiger Aufbau

Eine Durchgängigkeit des Prozessebenenmodells (zwischen Strategie und technologiegestützten Maßnahmen) soll durch den logisch zusammenhängenden Aufbau, von
der obersten zur untersten detaillierten Ebene gewährleistet werden.

Die Unterteilung der Geschäftsprozesse erfolgt gemäß diesen Ebenen, wobei die nicht
mehr teilbare Prozesseinheit die Aufgabe in der untersten Ebene darstellt. Die Modellierung der Geschäftsprozesse soll gemäß dem Aufbau des Prozessebenenmodells

---

[8] Mayring, Philipp (2010, S. 45).

systematisch von der obersten bis zur untersten Prozessebene erfolgen (Top-Down Ansatz). [9] Damit wird ein zusammenhangloser, jeweils einzeln abgegrenzter, fragmentierter oder von jeder Ebene losgelöster Kontext vermieden.

2.4.4 Einheitlicher Standard

Ein weiteres Augenmerk ist auf die Standardisierung zu legen. Der Begriff Standard kann als Richt- bzw. Eichmaß oder Normal bzw. grundlegendes verstanden werden. Unter Standardisierung werden Handlungen zu einer Vereinheitlichung bezeichnet, mit dem Ziel der Schaffung gemeinsamer Standards. [10] Standardisierungsmaßnahmen und Vereinheitlichung in der Geschäftsprozessmodellierung, tragen zur Verbesserung der Effizienz der Leistungserstellung und Qualität der Prozessdokumentation bei. Mit einer Standardisierung wirkt man Insel- und Nischenlösungen oder einer Vermehrung von Sonderfällen entgegen.

2.4.5 Fokussiert auf die Geschäftsprozessmodellierung

Das Prozessebenenmodell soll ausschließlich den Rahmen der Geschäftsprozessmodellierung behandeln und nicht auf das allumfassende Prozessmanagementsystem eingehen, da das Prozessmanagementsystem weit mehr, als die Prozessvisualisierung, beinhaltet. So ist Prozessanalyse, -definition, -steuerung, -optimierung und -überprüfung ebenso Bestandteil eines Prozessmanagementsystems.

„Die Prozessdokumentation oder auch Geschäftsprozessmodellierung genannt, beschäftigt sich dagegen mit der Modellierung von Geschäftsprozessen oder Teilen davon"[11].

Prozessmanagement wird im Buch von Josuttis anhand eines Zitats von Bloomberg und Schmelzer über Geschäftsprozessmanagement wie folgt angeführt: „Geschäftsprozessmanagement bezieht sich typischerweise auf technologie-unterstützte Maßnahmen von Unternehmen, um langlebige, aus vielen Schritten bestehende Prozesse, die viele Systeme und Personen in einer oder mehreren Organisationen betreffen, sichtbar zu machen und unter Kontrolle zu bringen"[12]. In diesem Zusammenhang gilt es zu erwähnen, dass Schmelzer diesbezüglich von Geschäftsprozessmanagement spricht, was als ein Synonym für Prozessmanagement angesehen werden kann.

---

[9] Vgl. Paschke, Krzysztof (2011, S. 104, 122, 169, 244).
[10] Vgl. Gonsior, T. (2010, S. 7, zit. nach Vgl. Adolphi, 1997, S. 9). Vgl. Da-Cruz, Christoph (2004, S. 4).
[11] Josuttis, Nicolai (2009, S. 104).
[12] Josuttis, Nicolai (2009, S. 103).

Ein Prozessebenenmodell kann zwar für all die anderen Komponenten des Prozessmanagements als Instrumentarium oder Informationsgrundlage herangezogen werden, jedoch stellt dies nicht den gesamten funktionalen Umfang eines Prozessmanagementsystems dar und ist nur als ein Bestandteil zu betrachten. Das Prozessebenenmodell dient als Leitfaden speziell für die Geschäftsprozessmodellierung.

2.4.6 Nachhaltiger Einsatz

Damit das Prozessebenenmodell nicht nur die aktuellen Problemstellungen löst, sollen darin auch zukunftsorientierte Ansätze enthalten sein.

3 Theoretische Grundlagen

Damit sich die Arbeit im gesicherten Rahmen der Literatur befindet, müssen grundlegende Begriffsdefinitionen und theoretische Grundlagen verifiziert werden.

Im Themengebiet „Prozessmanagement" gibt es eine Vielzahl an aktueller und umfassender Literatur. Gerade wenn es darum geht, einen Beweis dafür anzutreten, es würde in der Literatur kein detailliert beschriebenes Prozessebenenmodell zur standardisierten Geschäftsprozessmodellierung geben, so muss die Anzahl der zu recherchierenden Literatur ein quantitativ hohes Maß betragen. Der Rahmen der beschafften Literatur ergab sich aus den Recherchen, den Klassikern bzw. den Standardwerken namhafter Vertreter des Prozessmanagements, der deutschsprachigen einschließlich der übersetzten internationalen Literatur und den entnommenen Literaturverzeichnissen bereits gelesener Bücher.

In der Literatur konnte ein Überangebot an Prozessebenenbezeichnungen vorgefunden werden. Ein Vorkommen eines detailliert beschriebenen Prozessebenenmodells wurde jedoch nicht gefunden. In vielen Nebenwerken oder auf Nischenthemen bezogene Werke, wurde über ein Prozessebenenmodell oder einer Strukturierung samt Zuordnung der Geschäftsprozessdokumentation in Ebenen, oft gar nicht eingegangen.

Eine weitere Bestätigung für das Fehlen eines detailliert beschriebenen Prozessebenenmodells liefern bereits zwei Forschungsarbeiten. Sowohl Shoshak [13] mit dem Werk „Methodischer Vergleich von Konzepten zur Geschäftsprozessmodellierung" als auch Wöss[14] mit der Diplomarbeit „Aktuelle Konzepte zur Modellierung von Geschäftsprozessen" bestätigen das vorangegangene Rechercheergebnis, indem in den analysierten Methoden ebenso kein detailliert beschriebenes Prozessebenenmodell vorzufinden ist. Um die bisherigen Annahmen/Ergebnisse zusätzlich abzusichern, wurde der Kontakt zum Autor Philipp Wöss aufgenommen mit dem Ersuchen, in seinen Unterlagen der erhobenen Methoden explizit nochmals auf das Vorhandensein eines detailliert beschriebenen Prozessebenenmodells oder einer Beschreibung ähnlichen Inhalts zu suchen. Der Autor führte eine Sichtung seiner damaligen Forschungsarbeit durch und bestätigte das bisherige Rechercheergebnis.

---

[13] Shoshak, Azita (2008).
[14] Wöss, Philipp (2009).

Im Anschluss wird auf die theoretischen Grundlagen, Konzepte und Begriffsdefinitionen rund um das Thema des Forschungsgegenstandes und der Forschungsfrage eingegangen.

3.1 Theoretische Grundlagen über die Geschäftsprozessmodellierung

3.1.1 Definition Geschäftsprozessmodellierung

Mit der Geschäftsprozessmodellierung wird ein Prozess mit der für den jeweiligen Zweck angemessenen Exaktheit beschrieben. Dabei liegt der Vorteil in der Visualisierung von Prozessen. Sie fördert die Kommunikation über die Prozesse, erleichtert das Prozessverständnis und hilft bei der Entwicklung einer gemeinsamen Prozesssicht.[15]

Autor	Definition
European Association of Business Process Management	„Um einen Prozess zu verstehen, ist es hilfreich, ihn zu erheben (modellieren) und die Faktoren zu ermitteln, die für den Prozess förderlich oder hinderlich sind. (...) Als Prozessmodellierung werden die Aktivitäten zur Darstellung von Ist- und Sollprozessen bezeichnet."[16]
Schmelzer Hermann J., Sesselmann Wolfgang	„Im engeren Sinne wird darunter die vollständige, formale, präzise und konsistente Beschreibung von Geschäftsprozessen mithilfe einer Modellierungssprache verstanden. Die Prozessmodellierung ist die Grundlage für alle Phasen und Aufgaben des Prozessmanagements."[17]
Wagner Karl W., Patzak Gerold	„Die Prozessmodellierung ist ein integrativer Bestandteil des modernen Prozessmanagements. Ausgehend von der Identifikation der Prozesse kann sie die Beschreibung, Darstellung, Optimierung und gegebenenfalls auch die Simulation von Prozessen umfassen."[18]
Garimella Karin, Lees Michael, Williams Bruce	„Prozessmodellierung und Prozessdesign ermöglichen Ihnen, schnell und pragmatisch Prozesse zu definieren, die die gesamte Wertschöpfungskette umfassen und die Rollen und das Verhalten aller beteiligten Personen, Systeme und sonstigen Ressourcen in Einklang bringen."[19]

Tabelle 1: Definitionen über die Geschäftsprozessmodellierung
Quelle: eigene Darstellung

---

[15] Vgl. European Association of Business Process Management, (2009, S. 59).
[16] European Association of Business Process Management, (2009, S. 46, 57).
[17] Schmelzer Hermann J., Sesselmann Wolfgang (2010, S. 416).
[18] Wagner Karl W., Patzak Gerold (2007, S. 287).
[19] Garimella Karin, Lees Michael, Williams Bruce (2008, S. 13).

3.1.2 Definition Modell, Metamodell und Sichtenmodell

Bei der Geschäftsprozessmodellierung wird ein Prozess anhand eines Modells beschrieben bzw. visualisiert.

Autor	Definition
Scheer Wilhelm, Jost Wolfram	„Die Dokumentation der Geschäftsprozesse erfolgt durch Modelle. Unter einem Modell versteht man ein allgemeingültig vereinfachtes Abbild der Realität."[20]
Shoshak, Azita	„Um Geschäftsprozesse besser zu verstehen, ist es notwendig sie zu modellieren, d.h. mit geeigneten Modellen abzubilden. Ein Geschäftsprozessmodell stellt somit eine abstrahierte Abbildung des entsprechenden realen Prozesses dar, wobei alle relevanten Strukturen und Eigenschaften erhalten bleiben."[21]
Volck, Stefan	„Modelle sind ein vereinfachtes Abbild der Realität. Sie dienen sowohl der Erklärung (Erkenntnisziel) als auch der Beeinflussung (Gestaltungsziel) der Realwelt durch den Modellnutzer."[22]
Karer, Albert	„Ein Modell zeichnet sich durch die Abstraktion aus, durch bewusste Vernachlässigung bestimmter Merkmale, um die, für den Modellierer oder den Modellierungszweck wesentlichen Modelleigenschaften hervorzuheben. Dabei wird - im Gegensatz zu Modellbegriffen einzelner Wirtschaften - kein bestimmter Abstraktionsgrad vorausgesetzt, um ein Konstrukt als Modell zu bezeichnen."[23]
Steinbuch, Pitter A.	„Ein Modell ist eine allgemeingültige, vereinfachte Darstellung."[24]
DIN EN ISO 9001	Binner führt in seinem Buch an, dass ein Prozessmodell in der DIN EN ISO 9001 folgend definiert wird: „Eine Tätigkeit oder Operation, die Eingaben enthält und diese in Ergebnisse umwandelt, kann als Prozess angesehen werden. Fast alle Tätigkeiten und Operationen in Zusammenhang mit einem Produkt sind Prozesse".[25]

Tabelle 2: Definitionen über das Modell
Quelle: eigene Darstellung

Ein Metamodell ist ein Modell, worin die getroffene Aussage eines Modells auf eine inhaltlich höhere Ebene gestellt wird und somit ein abstaktes System darstellt.[26]

Ein Sichtenmodell wiederum beschreibt nur eine bestimmte Sicht in einem Modell. Eine Sicht bildet eine Untermenge aller im Prozess vorhandenen Objekte ab und bietet eine Betrachtung eines Modells aus einer bestimmten Perspektive wie z.B. Systemsicht,

---

[20] Scheer Wilhelm, Jost Wolfram (2002, S. 16).
[21] Shoshak, Azita (2008, S. 1).
[22] Volck, Stefan (1997, S. 66).
[23] Karer, Albert (2007, S. 21).
[24] Steinbuch, Pitter A. (2000, S. 38).
[25] Binner, Hartmut F. (2010, S. 118).
[26] Vgl. Shoshak, Azita (2008, S. 11f).

Datensicht, Organisationssicht etc. Diese Aufteilung der Informationen kann der Übersichtlichkeit dienen.[27]

3.1.3 Definition Standardisierung von Geschäftsprozessen

Bei der Geschäftsprozessmodellierung komplexer Abläufe besteht der Bedarf einer Standardisierung. Aus diesem Grund werden Definitionen über die Standardisierung von Geschäftsprozessen angeführt.

Autor	Definition
Schmelzer Hermann J., Sesselmann Wolfgang	„Standardisierung von Geschäftsprozessen bedeutet, in einem Unternehmen oder zwischen Unternehmen eine einheitliche und durchgängige Prozesslandschaft zu schaffen."[28]
Osterloh Margit, Frost Jetta	„Standardisierung bedeutet, dass generell Regelungen oder Aktivitätsfolgen für klar definierte Aufgaben festgelegt worden sind. Sie laufen im Wiederholungsfall mehr oder weniger routiniert und gleichartig ab. Sie sind unpersönlich, das heißt, sie sind unabhängig vom einzelnen Individuum gültig. Standards sind die Programmierung bereits gelöster Probleme."[29]
Ahlrichs Frank, Knuppertz Thilo	„Die Standardisierung von Prozessen zwischen verschiedenen Unternehmen führt zur Definition gemeinsamer Prozessmodelle. Die daraus abgeleiteten operativen Prozesslandschaften sind damit in den Unternehmen ähnlich und erlauben aus dem gemeinsamen Verständnis von Prozessen die reibungslose Zusammenarbeit."[30]
Helfrich, Christian	Unter Standardisierung kann ein geglätteter und harmonisierter Prozess verstanden werden.[31]

Tabelle 3: Definitionen über die Standardisierung von Geschäftsprozessen
Quelle: eigene Darstellung

3.1.4 Wissenschaftliche Vergleiche über die Geschäftsprozessmodellierung

Es wurden bereits zwei Vergleiche von Konzepten zur Geschäftsprozessmodellierung durchgeführt, worin kein detailliert beschriebenes Prozessebenenmodell vorgefunden werden konnte.

---

[27] Vgl. Wöss, Philipp (2009, S. 58, zit. nach Vgl. Gronau Norbert, Bahrs Julian, 2005, S. 14).
[28] Schmelzer Hermann J., Sesselmann Wolfgang (2010, S. 198).
[29] Osterloh Margit, Frost Jetta (2003, S. 188).
[30] Ahlrichs Frank, Knuppertz Thilo (2010, S. 61).
[31] Vgl. Helfrich, Christian (2001, S. 107).

Shoshak, Azita (2008): Methodischer Vergleich von Konzepten zur Geschäftsprozessmodellierung

In diesem Werk wird ein Bezugsrahmen hergestellt, um Geschäftsprozessmodellierungsmethoden vergleichen zu können. Trotz der Vergleiche vieler Geschäftsprozessmodellierungsmethoden wird lediglich allgemein angeführt, dass bei der Modellierung auf unterschiedliche Abstraktionsebenen zu unterscheiden wäre. Auch im Kapitel der Beschreibung der ereignisgesteuerten Prozesskette, wo näher auf das Modellierungswerkzeug ARIS eingegangen wird, wird lediglich eine Unterteilung in Sichten und Modell-Ebenen erwähnt. [32]

Wöss, Philipp (2009): Aktuelle Konzepte zur Modellierung von Geschäftsprozessen - ein kritischer Vergleich

In diesem Werk werden verschiedenste Konzepte zur Modellierung von Geschäftsprozessen untersucht und mittels eines Kriterienkataloges analysiert. In Keinem der neun untersuchten Modellen:

- Business Engineering
- Architektur integrierter Informationssysteme
- Ganzheitliche Prozessmodellierung GPM
- Knowledge Modeling Description Language KMDL
- Unified Modeling Language UML
- Rational Unified Process RUP
- Oose Engineering Process OEP
- Semantische Objektmodellierung SOM
- und Performance Excellence

wurde ein detailliert beschriebenes Prozessebenenmodell gefunden. Einzig mit dem Wort „Ebene" kann der beschriebene Unternehmensmodellebenenansatz (Geschäftsstrategie, Prozess und Informationssysteme [33]) nach dem St. Gallener Ansatz, welcher auch als Business Engineering von Österle bekannt ist und der Unternehmensarchitekturansatz (Unternehmensplan, Geschäftsprozesse, Aufbauorganisation/ Anwendungssystemarchitektur) der semantischen Objektmodellierung (SOM) in Verbindung gebracht werden. [34]

---

[32] Vgl. Shoshak, Azita (2008, S. 1, 13, 41).
[33] Vgl. Österle, Hubert (1995, S. 16).
[34] Vgl. Wöss, Philipp (2009, S. 11ff).

Diese angeführten Ebenen beschreiben Bereiche zur Unternehmensgestaltung, worin sich ein Prozessebenenmodell zur standardisierten Geschäftsprozessmodellierung laut Forschungsfrage, in den Unternehmensgestaltungsbereich Prozess bzw. Geschäftsprozess einordnen lässt (siehe auch Kapitel 3.2.1.2).

3.2 Theoretische Grundlagen über ein Prozessebenenmodell

Wie bereits zu Anfang dieses Kapitels angeführt, konnten keine theoretischen Konzepte über detailliert beschriebene Prozessebenenmodelle gefunden werden.

3.2.1 Geschäftsprozesse als Gegenstand der Prozessebenen

Der Rahmen des Prozessebenenmodells richtet sich nach seinem Gegenstand, den Geschäftsprozessen und dessen Einordnung zwischen Strategie und technologiegestützten Maßnahmen. Aus diesem Grund wird zunächst darauf eingegangen, was unter einem Geschäftsprozess verstanden wird und wie sich diese zwischen Strategie und technologiegestützten Maßnahmen einordnen lassen, wobei auch die gemeinte Strategie genauer betrachtet wird.

3.2.1.1 Definition (Geschäfts-)Prozess

Autor	Definition
Gareis Roland, Stummer Michael	„Ein Prozess ist ein klar abgrenzbarer, relativ umfangreicher organisatorischer Ablauf, der die Mitwirkung mehrerer Rollen einer oder mehrerer Organisationen bedingt. Elemente von Prozessen sind Aufgaben, Entscheidungen, deren Beziehungen zueinander sowie organisatorische Zuständigkeiten. Ein Prozess ist keine eigenständige Organisation, sondern ist eine Ablaufstruktur, die eine oder mehrere Organisationen horizontal durchläuft."[35]
DIN EN ISO 8402	„Ein Prozess ist ein Satz von in Wechselbeziehungen stehenden Mitteln und Tätigkeiten, die Eingaben in Ergebnisse umgestalten. Zu den Mitteln können Personal, Einrichtungen und Anlagen, Technologie und Methodologie gehören."[36]
Becker, Kugeler, Rosemann	„Ein Prozess ist die inhaltlich abgeschlossene, zeitliche und sachlogische Folge von Aktivitäten, die zur Bearbeitung eines betriebswirtschaftlich relevanten Objektes notwendig sind. (…) Ein Geschäftsprozess ist ein spezieller Prozess, die der Erfüllung

---

[35] Gareis Roland, Stummer Michael (2007, S. 53).
[36] Helfrich, Christian (2001, S. 102). , Binner, Hartmut F. (2010, S. 320).

	der obersten Ziele der Unternehmung (Geschäftsziele) dient und das zentrale Geschäftsfeld beschreibt."[37]
Anderegg	Prozesse bieten eine strukturierte Form von Wissen. Die einzelnen Schritte im Prozess, die Techniken und Metriken, sind Wissen über das gesamte Verfahren.[38]
Pongratz	„Geschäftsprozesse stellen eine spezielle Form von Prozessen dar. Die Abgrenzung eines Geschäftsprozesses zu einem Prozess ist nicht eindeutig definiert. Als die drei wichtigsten Eigenschaften gelten jedoch: Ein Geschäftsprozess ist ein wertschöpfender Prozess. Dieser erzeugt beim Kunden einen nutzen, welcher der Kernaktivität des jeweiligen Unternehmens entspricht. Ein Geschäftsprozess ist funktionsübergreifend, das heißt er wird von mehreren Einheiten - im Sinne der Aufbauorganisation - eines Unternehmens behandelt."[39]
Bea, Göbel	„Unter einem Prozess versteht man eine zusammenhängende Folge von tätigkeiten, die einen Kundennutzen erzeugen."[40]

Tabelle 4: Definitionen über den (Geschäfts-)Prozess
Quelle: eigene Darstellung

Gareis und Stummer führen selbst eine tabellarische Auflistung von (Geschäfts-) Prozess-definitionen verschiedener Autoren an:

Autor	**Definition**
Rump, 1999, S. 19	„Ein Geschäftsprozess ist eine zeitliche und sachlogisch abhängige Menge von Unternehmensaktivitäten, die ein bestimmtes, unternehmensrelevantes Ziel verfolgen und zur Bearbeitung auf Unternehmensressourcen zurückgreifen."
Keller und Teufel, 1997, S. 153	„… beschreibt ein Geschäftsprozess alle Aktivitäten, mit deren Durchführung eine angestrebte Leistung bzw. Soll-Leistung durch Aufgabenträger erstellt wird, die an externe Kunden (Hauptprozesse) oder interne Kunden (Serviceprozesse) übergeben wird und für diesen einen Wert darstellt."
Mertens, 1995, S. 24	„Eng verwandt mit dem Begriff Funktion ist der Begriff Prozess. Ein Prozess entsteht aus einer Folge von einzelnen Funktionen (Funktionsablauf) und weist einen definierten Anfangspunkt (Auslöser des Prozesses) sowie Endpunkt (Endzustand) auf."
Becker und Vossen 1996, S. 19	„… die inhaltlich abgeschlossene, zeitliche und sachlogische Abfolge von Funktionen, die zur Bearbeitung eines betriebswirtschaftlich relevanten Objekts notwendig sind."
Osterloh, Frost, 2004, S. 52	„… einen Ablauf, das heißt den Fluss und die Transformation von Material, Informationen, Operationen und Entscheidungen. Geschäftsprozesse sind durch die Bündelung und die strukturierte Reihenfolge von funktionsübergreifenden Aktivitäten mit einem Anfang und einem Ende, sowie klar definierten Inputs und Outputs gekennzeichnet."
Hammer und Champy, 1995, S. 52	„Wir definieren einen Unternehmensprozess als Bündel von Aktivitäten, für das ein oder mehrere unterschiedliche Inputs benötigt werden und das für den Kunden ein Ergebnis von Wert erzeugt."

Tabelle 5: Prozessdefinitionen laut Gareis und Stummer
Quelle: eigene Darstellung in Anlehnung an Gareis [41]

---

[37] Becker Jörg, Kugeler Martin, Rosemann Michael (2008, S. 6f).
[38] Anderegg, Brigitte (2000, S. 65).
[39] Pongratz, Walter (2009, S. 4).
[40] Bea Franz Xaver, Göbel E. (1999, S. 349).

Grundsätzlich ist eine Abgrenzung von Geschäftsprozess und Prozess nicht klar definiert, es wird lediglich auf den jeweiligen Schwerpunkt bzw. die Grundaussage eingegangen.

3.2.1.2 Einordnung der Geschäftsprozesse zwischen Strategie und technologiegestützten Maßnahmen

Österle unterscheidet in seinem Business Engineering drei Bereiche der Gestaltung eines Unternehmens. Der Prozess konkretisiert die Geschäftsstrategie und verknüpft sie mit dem Informationssystem (wie in der nächststehenden Abbildung dargelegt). [42]

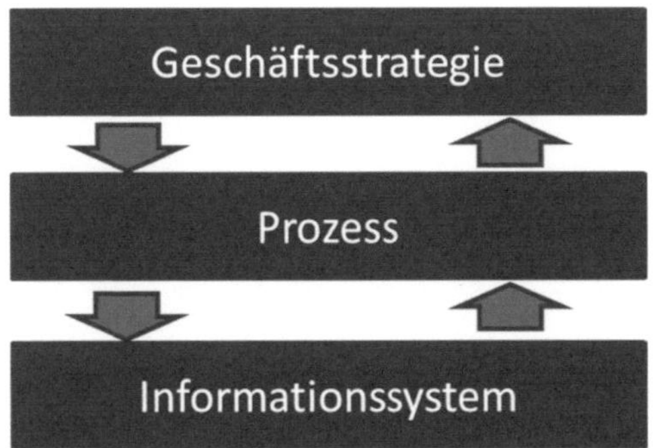

Abbildung 1: Bereiche des Business Engineerings
Quelle: eigene Darstellung in Anlehnung an Österle [43]

Gadatsch führt die Ausführung Österles weiter und meint: „Nach Österle ist der Geschäftsprozess eine Abfolge von Aufgaben, die über mehrere organisatorische Einheiten verteilt sein können und deren Ausführung von informationstechnologischen Anwendungen unterstützt wird. (...) Als spezielle Form der Ablauforganisation konkretisiert der Geschäftsprozess die Geschäftsstrategie und verknüpft sie mit dem Informationssystem. Somit kann der Geschäftsprozess als Bindeglied zwischen der Unternehmensstrategie und der Systementwicklung bzw. den unterstützenden Informationssystemen gesehen werden."[44]

---

[41] Gareis Roland, Stummer Michael (2007, S. 54).
[42] Vgl. Österle, Hubert (1995, S. 20).
[43] Vgl. Österle, Hubert (1995, S. 16).
[44] Gadatsch, Andreas (2001, S. 29f).

3.2.1.3 Definition Strategie

Gerade der Begriff Strategie lässt sich je nach Thema, unterschiedlich verwenden. Bei dem Bezug der Strategie zu den Geschäftsprozessen und deren Ableitungen wird aus der, vom Unternehmen gesetzten Strategie ausgegangen. Hierzu finden Autoren folgende Definitionen.

Autor	Definition
Mintzberg Henry, Ahlstrand Bruce, Lampel Joseph	„Strategie bedeutet, dass man andere Maßnahmen als bisher setzt, um eine einzigartige und wertvolle Position zu erreichen."[45]
Wagner Karl W., Patzak Gerold	„Die Strategie dient dazu, die von der Unternehmenspolitik gesetzten Aufgaben unter bestmöglicher Verwendung der verfügbaren Ressourcen zu erreichen."[46]
Bea Franz Xaver, Haas Jürgen	„Strategien sind Maßnahmen zur Sicherung des langfristigen Erfolgs eines Unternehmens."[47]
Lombriser Roman, Abplanalp Peter A.	Chandler führt in „Strategy and Structure" an, „Strategy is defined as the determination of the basic long-term goals and objectives of an enterprise." Weiter wird Wolfrum in „Strategisches Technologiemanagement" mit folgendem zitiert: „Strategie, als Summe der strategischen Entscheidungen, legt die Entwicklungsrichtungen eines Unternehmens in seiner Umwelt fest, lenkt die Allokation von Ressourcen und trägt zur Integration verschiedener Geschäfts- und Funktionsbereiche bei."[48]

Tabelle 6: Definitionen über die Strategie
Quelle: eigene Darstellung

3.2.2 Differenzierung von Prozessebenen und -sichten

Bei der Geschäftsprozessmodellierung werden grundsätzlich Prozesse auf oberster Ebene dargestellt und je nach Detaillierungsgrad in Ebenen verfeinert. Einige Autoren wenden eine weitere Zerlegung nach Sichten an. In diesem Abschnitt wird über die Differenzierung von Ebenen und Sichten eingegangen.

---

[45] Mintzberg Henry, Ahlstrand Bruce, Lampel Joseph (2007, S. 26).
[46] Wagner Karl W., Patzak Gerold (2007, S. 10).
[47] Bea Franz Xaver, Haas Jürgen (1997, S. 45).
[48] Lombriser Roman, Abplanalp Peter A. (2010, S. 25).

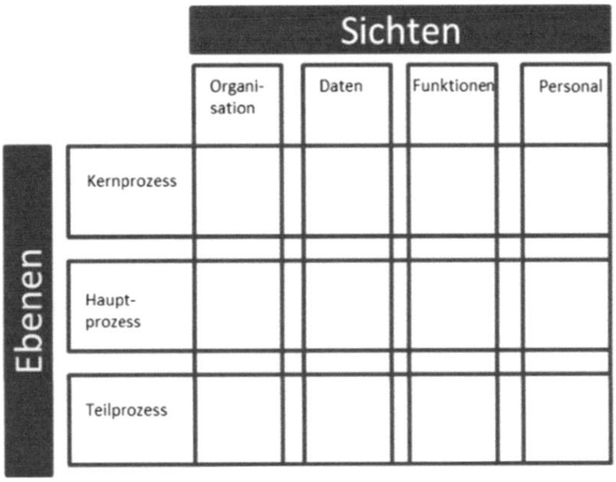

Abbildung 2: Differenzierung von Ebenen und Sichten
Quelle: eigene Darstellung in Anlehnung an Österle laut Gadatsch [49]

Wie in der Grafik veranschaulicht werden kann, stellen die Ebenen eine struktierierte Detaillierung, von der obersten bis zu untersten Ebene dar.

Die Sicht bildet jedoch eine Untermenge aller im Prozess vorhandenen Objekte ab und bietet eine Betrachtung eines Modells aus einer bestimmten Perspektive wie z.B. Systemsicht, Datensicht, Organisationssicht etc.[50]

Damit nicht alle modellierungsrelevanten Sachverhalte in einer einzigen Darstellung abgebildet werden müssen, führt Gadatsch an, dass die Anwendung eines Sichtenkonzeptes hilfreich sein kann.

Autor	Sichtenbezeichnungen				
Scheer	Organisations-sicht	Funktionssicht	Datensicht	Steuerungs-sicht	Leistungssicht
Österle	Organisation	Funktionen	Daten	[Personal]	[...]
Ferstl/ Sinz	Leistungssicht	Lenkungssicht	Ablaufsicht		
Gehring	Organisations-sicht	Funktionssicht	Datensicht		
Gadatsch	Prozesssicht	Organisations-struktursicht	Aktivitäts-struktursicht	Applikations-struktursicht	Informations-struktursicht

Tabelle 7: Sichtenkonzepte
Quelle: eigene Darstellung in Anlehnung an Gadatsch [51]

---

[49] Vgl. Gadatsch, Andreas (2001, S. 86).
[50] Vgl. Wöss, Philipp (2009, S. 58, zit. nach Vgl. Gronau Norbert, Bahrs Julian, 2005, S. 14).
[51] Vgl. Gadatsch, Andreas (2001, S. 85).

Dabei werden Sichten gemäß Gadatsch unterschiedlich interpretiert. Scheer nimmt eine Zerlegung nach Ebenen und Sichten vor. Österle spricht nicht von Sichten, sondern von Gestaltungsdimensionen.[52]

Diese Unterscheidung soll nun näher betrachtet werden.

In der Architektur integrierter Informationssysteme (ARIS) handelt es sich, laut Scheer, um ein entwickeltes konzeptionelles Rahmenwerk das zeigt, durch welche unterschiedlichen Sichten und Ebenen ein Unternehmen bzw. die Geschäftsanwendungen generell beschrieben werden können. Das ARIS Datenmodell ist - entsprechend der ARIS Architektur - in Funktionssicht, Datensicht, Organisationssicht, Leistungssicht und Steuerungssicht untergliedert. [53] Die Modellierungsmethoden orientieren sich nach diesen Sichten und Ebenen. Der ARIS-HOBE Ansatz (House of Business Engineering) zeigt, wie von der Gestaltung der Geschäftsprozesse über deren Planung und Steuerung bis zur Umsetzung durch Workflow-Systeme und Funktionsbausteine (4 Konfigurationsebenen) vermaschte Regelkreise bestehen. Bei dem ARIS Konzept werden die Funktionen als eigenständige Sichten auf einen Geschäftsprozess behandelt. Die einzelnen Sichten (Funktion, Organisation, Daten und Leistung) können mittels der Steuerungssicht in Verbindung gebracht werden. Zusätzlich können die Funktionen auf unterschiedliche Verdichtungsstufen beschrieben werden. Es ist möglich, die Verteilung einer Funktion auf mehrere Dispostitionsebenen (Detaillierungsebenen) innerhalb einer Prozesskette durchzuführen. Dabei wird die Hierarchisierung einer Prozesskette dargestellt. [54]

Österle hingegen, nennt Organisation, Daten, Funktion und Personal als Dimensionen des Business Engineering, bezieht aber die Personaldimension nicht in das ProMet-Konzept ein. Das ProMet-Konzept beinhaltet ein Methodenset zur Prozessentwicklung (Vorgehens-, Dokumentations- und Rollenmodell). Dabei existiert eine separat ausgewiesene "dynamische" Dimension nicht, doch werden dynamische Aspekte bei der Darstellung von Prozessen mit Aufgabenkettendiagrammen berücksichtigt.[55]

Eine weitere Differenzierung von Ebenen und Sichten kann laut Wöss erfolgen, indem grundsätzlich ein Modell zur besseren Übersicht in unterschiedliche Sichten zerlegt wird (horizontale Dimension). Allerdings hängen die Sichten untereinander zusammen, diese Verbindung müssen sichtbar gemacht werden. Eine andere Dimension (vertikale

---

[52] Vgl. Gadatsch, Andreas (2001, S. 84ff).
[53] Vgl. Scheer Wilhelm, Jost Wolfram (2002, S. 17).
[54] Vgl. Scheer, Wilhelm (2001, S. 2, 4, 21ff, 102ff).
[55] Vgl. Gadatsch, Andreas (2001, S. 85).

Dimension) der Transparentmachung ist ein Konzept unterschiedlicher Beschreibungsebenen.[56]

Shoshak empfiehlt eine bedarfsorientierte Anwendung nach Ebenen und Sichten. „Unterstützung von Sichten: Es ist zu berücksichtigen, dass die Sicht auf Geschäftsprozesse mit dem Betrachter und dem jeweiligen Analysezweck variieren. Für alle Sichten kann der Bedarf an Detaillierung mit der Betrachtungssituation variieren. So gibt es Situationen, in denen ein hohes Maß an Detaillierung erforderlich ist und andere, in denen es hilfreicher ist von Details abzusehen."[57]

Im entwickelten Prozessebenenmodell wird nicht auf eine weitere Unterscheidung nach Sichten eingegangen, um den Grad der Komplexität gering zu halten.

3.2.3 Definition Prozessebene

Nachdem für das Prozessebenenmodell die zugrundeliegenden Geschäftsprozesse als Gegenstand, die Einordnung derer und auf die Abgrenzung von Ebenen und Sichten per Definition beleuchtet wurde, wird nun konkret die Definition der Prozessebene und der vorherrschenden Prozessebenenbezeichnungen samt Detaillierungsgrade behandelt.

Autor	Definition
Fleisch, Elgar	„Die Prozessebene umfasst die Prozessnetzwerke. Ein Prozessnetzwerk ist ein geschäftseinheitsübergreifender Verbund von Geschäftsprozessen, der eine Kooperationsstrategie auf operativer Ebene realisiert und Kundenprozessen Leistungen zur Verfügung stellt. Koordinationsbezeichnungen zwischen den Prozessen sorgen für die Abstimmung der Leistungserstellung."[58]
Krause, Eric	„Die Prozessebene enthält die Beschreibung der Prozesse und Parameter, die zur Umsetzung der Strategie erforderlich sind, sowie solche Parameter, welche die Umsetzung beeinflussen."[59]
Gareis Roland, Stummer Michael	„Es können die Prozessebenen Hauptprozess, Prozess und Teilprozess unterschieden werden. Ein Hauptprozess ist eine Menge mehrerer Prozesse, die gemeinsam zur Realisierung der Ziele des Hauptprozesses dienen. Die dem Hauptprozess zugehörenden Prozesse können auch für sich alleine oder auch in anderen Hauptprozessen erfüllt werden. (...) Ein Prozess beinhaltet mehrere Teilprozesse. Die Durchführung eines Teilprozesses setzt die Durchführung des Prozesses voraus."[60]

---

[56] Vgl. Wöss, Philipp (2009, S. 40).
[57] Shoshak, Azita (2008, S. 28).
[58] Fleisch, Elgar (2001, S. 281).
[59] Krause, Eric (2008, S. 56).
[60] Gareis Roland, Stummer Michael (2007, S. 57).

Schmelzer Hermann J., Sesselmann Wolfgang	„Jeder Geschäftsprozess hat eine hierarchische Aufbaustruktur, die aus mehreren Ebenen besteht: Teilprozesse, Prozessschritte, Arbeitsschritte und gegebenenfalls Aktivitäten. Die einzelnen Prozessebenen liefern abgestimmte Wertschöpfungsbeiträge, aus denen sich die Ergebnisse des Geschäftsprozesses zusammensetzen."[61]
Fischermanns, Guido	„Prozesse können auf verschiedenen Detaillierungsgraden betrachtet werden. Mit der Zerlegung eines Prozesses in seine Teilprozesse entstehen wiederum Prozesse, die weiter untergliedert werden können. Diese Verfeinerung kann man über mehrere Ebenen durchführen."[62]

Tabelle 8: Definitionen über die Prozessebene
Quelle: eigene Darstellung

3.2.4 Prozessebenenbezeichnungen

Nachdem eine Verwendung von Prozessebenen in der Literatur behandelt wurde, wird anschließend ein Auszug der Vielzahl verwendeter Prozessebenenbezeichnungen dargelegt. Dabei werden Unterscheidungen nach Autoren aus der Literatur, nach Referenzmodellen und nach Verwendung in Unternehmen angeführt.

3.2.4.1 Autoren über die Prozessebenenbezeichnungen

Autor	Fußnote	Prozessebenenbezeichnung					
		1. Ebene	2.Ebene	3.Ebene	4.Ebene	5.Ebene	6. Ebene
Process Classification Framework (PCF)	63	Prozesskategorie	Prozessgruppe	Prozess	Aktivität		
Horvath & Partner		Geschäftsprozess	Prozess	Teilprozess	Aktivität		
REFA Verband		Unternehmensprozess	Hauptprozess	Teilprozess	Arbeitssystemprozess		
Schmelzer, Sesselmann	64	Geschäftsprozess	Teilprozess	Prozessschritt	Arbeitsschritt	Aktivität	
Gaitanides/Scholz/ Vrohlings/Raster	65	Unternehmensprozess	Teilprozess Ebene II	Teilprozess Ebene III	Arbeitsschritt	Aktivität	

---

[61] Schmelzer Hermann J., Sesselmann Wolfgang (2010, S. 132).
[62] Fischermanns, Guido (2010, S. 92).
[63] Schmelzer Hermann J., Sesselmann Wolfgang (2010, S. 134).
[64] Vgl. Schmelzer Hermann J., Sesselmann Wolfgang (2010, S. 132, 216).
[65] Gareis Roland, Stummer Michael (2007, S. 117).

Author							
Gareis, Stummer	[66]	Prozess-kette	Prozess	Teil-prozess	Vorgang		
Bokranz/Kasten	[67]	Unterneh-mens-prozess	Geschäfts-prozess	Teil-prozess	Arbeits-ablauf	Teil-Unter-abläufe	Tätig-keiten
Gadatsch		Geschäfts-prozess	Geschäfts-prozess-schritt	Elementa-rer Geschäfts-prozess-schritt			
Nadig		Prozess	Aktivität	Tätigkeiten			
Vahs		Geschäfts-prozess	Teil-prozess 1. Ebene	Teil-prozess 2. Ebene	Elementar-prozess mit Aktivitäten		
Fischermanns, Guido	[68]	Unterneh-mens-prozess	Teil-prozess	Aufgabe			
Fischermanns, Guido	[69]	Unterneh-menspro-zess	Prozess-gruppe	Haupt-prozess	Teil-prozess	Teil-prozess/ Stelle	
Scheer Wilhelm, Jost Wolfram	[70]	Kern- und Service-prozess	Haupt-prozess	Prozess	Teil-prozess	Unter-prozess	
Wagner Karl W., Patzak Gerold	[71]	Prozess-landschaft	Haupt-prozess	Teil-prozess	Checkliste, Anweisung		
Wagner Karl, Käfer Roman	[72]	Prozess-landkarte	Hauptpro-zess	Prozess	Teil-prozess		
Jochem Roland, Mertins Kai, Knothe Thomas	[73]	Prozess-überblick	Haupt-prozess	Teil-prozess/ Aktivität	Prozess-daten-struktur	Prozess-daten Wert	
Becker, Kugeler, Rosemann	[74]	Unterneh-menspro-zess	Kern-prozess	Haupt-prozess	Teil-prozess	Elementar-prozess	
Bergsmann, Stefan	[75]	Haupt-prozess	Teil-prozess	Tätigkeit, Detail-prozess	Workflow		
Ahlrichs Frank, Knuppertz Thilo	[76]	Haupt-prozess	Prozess	Teil-prozess	Prozess-aktivität		

[66] Gareis Roland, Stummer Michael (2007, S. 102).
[67] Fischermanns, Guido (2010, S. 95).
[68] Fischermanns, Guido (2010, S. 96).
[69] Fischermanns, Guido (2010, S. 379).
[70] Scheer Wilhelm, Jost Wolfram (2002, S. 185).
[71] Wagner Karl W., Patzak Gerold (2007, S. 76).
[72] Wagner Karl Werner, Käfer Roman (2010, S. 53f).
[73] Jochem Roland, Mertins Kai, Knothe Thomas (2010, S. 234).
[74] Becker Jörg, Kugeler Martin, Rosemann Michael (2008, S. 308).
[75] Bergsmann, Stefan (2012, S. 39, 56, 92ff).
[76] Ahlrichs Frank, Knuppertz Thilo (2010, S. 56).

Bräkling Elmar, Oidtmann Klaus	[77]	Führungs-Kern-Unterstüt-zungs-prozess	Teil-prozess	Sub-prozess			
Lenz, Günter	[78]	Geschäfts-prozess	Haupt-prozess	Sub/Unter-prozess			
European Association of Business Process Mgmt.	[79]	Unterneh-mens-ebene	Geschäfts-feldebene	Operative Ebene	IT System-ebene		
Binner, Hartmut F.	[80]	Haupt-/Gesamt-prozess (Gesamt-ablauf)	Prozess (Teilablauf)	Teil-prozess (Ablaufstu-fe)	Prozess-funktion, Prozess-teilfunktion (Vorgang, Teil-vorgang)	Prozess-stufe (Vor-gangsstu-fe)	Prozess-element (Vor-gangs-element)

Tabelle 9: Prozessebenenbezeichnungen verschiedener Autoren
Quelle: eigene Darstellung

Obwohl Fischermanns, Guido auf Seite 96 empfiehlt, auf oberster Ebene den Begriff „Unternehmensprozess", „Aufgabe" für die jeweils unterste Ebene und „Teilprozess" für die dazwischenliegenden Ebenen n'ter Ordnung festzulegen, widerspricht sich dieser, indem er auf Seite 379 andere Prozessebenenbezeichnungen verwendet.

Ergänzend zum Autor European Association of Business Process Management sei noch festzuhalten, dass sowohl innerhalb der Unternehmensebene, als auch innerhalb der Geschäftsfeldebene, jeweils nach Haupt- und Teilprozess in unterschiedlichen Detaillierungsgraden unterschieden werden kann. Die operative Ebene stellen detaillierte Modelle bis hinunter zur Ebene der Aktivitäten, Aufgaben und Verfahrensanweisungen dar.[81]

---

[77] Bräkling Elmar, Oidtmann Klaus (2006, S. 58).
[78] Lenz, Günter (2008, S. 19).
[79] European Association of Business Process Management, (2009, S. 74ff).
[80] Binner, Hartmut F. (2010, S. 174, 333).
[81] Vgl. European Association of Business Process Management, (2009, S. 74ff).

3.2.4.2 Referenzmodelle mit Prozessebenenbezeichnungen

Referenz-modell	Fuß-note	Prozessebenenbezeichnung					
		1. Ebene	2. Ebene	3. Ebene	4. Ebene	5. Ebene	6. Ebene
Supply Chain Operations Reference SCOR	[82]	Prozess	Prozess-kategorie	Prozess-element	Zerlegung des Prozess-elements		
ARIS Smarth-Path	[83]	Kern-prozess	Kern-prozess-struktur & Beschrei-bung	Prozess-details			
ITIL V3	[84]	Prozess	Teil-prozess	Aktivität			
COBIT	[85]	Prozess/ Prozess-domäne	Prozess-element/ Control Objectives				
SAP	[86]	Prozess-szenario	Prozess	Sub-prozess	Prozess-aktivität	Trans-aktion	

Tabelle 10: Prozessebenenbezeichnungen verschiedener Referenzmodelle
Quelle: eigene Darstellung

Das ITIL V3 Referenzmodell weist Schwachstellen auf, indem die unterschiedlichen Ebenen von Prozessen, Teilprozessen und Aktivitäten, nicht einheitlich und durchgängig beschrieben werden.[87]

3.2.4.3 In Unternehmen verwendete Prozessebenenbezeichnungen

Unterneh-men	Fuß-note	Prozessebenenbezeichnung					
		1. Ebene	2. Ebene	3. Ebene	4. Ebene	5. Ebene	6. Ebene
Siemens Process Framework	[88]	Reference Process	Kern-prozess	Prozess-kategorie-& variante	Prozess-kette	Ereignis-gesteuerte Prozess-kette	
Lufthansa Cargo AG	[89]	Prozess-haus	Geschäfts-prozess	Teil-prozess	Prozess-schritt		

---

[82] Schmelzer Hermann J., Sesselmann Wolfgang (2010, S. 206). , Vgl. Becker Jörg, Kugeler Martin, Rosemann Michael (2008, S. 467).
[83] Scheer Wilhelm, Jost Wolfram, Wagner Karl (2005, S. 94).
[84] itSMF, ISACA (2011, S. 53).
[85] Schmelzer Hermann J., Sesselmann Wolfgang (2010, S. 206). , Vgl. Becker Jörg, Kugeler Martin, Rosemann Michael (2008, S. 209f).
[86] Schmelzer Hermann J., Sesselmann Wolfgang (2010, S. 134).
[87] Vgl. itSMF, ISACA (2011, S. 53).
[88] Vgl. Schmelzer Hermann J., Sesselmann Wolfgang (2010, S. 217ff).
[89] Schmelzer Hermann J., Sesselmann Wolfgang (2010, S. 576).

Deutsche Bundeswehr	[90]	Haupt-prozess	Geschäfts-prozess	Arbeits-vorgang	Arbeits-schritt		
Wiener Linien	[91]	Prozess-landkarte	Haupt-prozess	Prozess	Teil-prozess		
T-System CSM	[92]	Prozess	Prozess-phase	Teil-prozess			
Einkaufsbüro Deutscher Eisenwaren-händler E/D/E	[93]	Prozess-landkarte	Kern-prozess	Detail-prozess	Geschäfts-objekt/ Organi-gramm		

Tabelle 11: Prozessebenenbezeichnungen verschiedener Unternehmen
Quelle: eigene Darstellung

3.2.5 Detaillierungsgrade von Prozessebenen

Schmelzer und Sesselmann legen zur optimalen Detaillierung von Prozessen bzw. Prozessebenen fest: „Der Detaillierungsgrad der Prozessstruktur bzw. die Tiefe der Prozesshierarchie hängt von der Komplexität und Durchführungshäufigkeit des Geschäfts-prozesses sowie der Arbeitsorganisation ab. Steuern die Mitarbeiter den Prozess selbst, besteht keine Notwendigkeit den Geschäftsprozess bis auf die einzelne Aktivität zu zerlegen. (...) Der Einsatz von Workflow-Management-Systemen erfordert dagegen eine tiefere Strukturierung."[94] „In vielen Unternehmen sind die Geschäftsprozesse auf oberster Ebene ähnlich, auf den unteren Prozessebenen aber sehr unterschiedlich."[95]

Fischermanns verfolgt das Themengebiet der Detaillierung mit einem generalistischen Ansatz. „Grundsätzlich ist ein Teilprozess eine Untermenge eines darüber liegenden Prozesses, unabhängig auf welcher Ebene der Prozessgliederung."[96]

Oder auch, die Anzahl der Detaillierungsebenen ist abhängig vom Umfang des jeweiligen Prozesses. Laut Gareis und Stummer kann eine generelle Regelung für die Anzahl der Detaillierungsebenen daher nicht aufgestellt werden.[97]

Paschke formuliert die Detaillierungsgrade von Prozessebenen nachstehend: „Ein Prozess kann in einen oder mehrere Teilprozesse (Subprozess) unterteilt werden. Die Unterteilung kann in mehreren Ebenen erfolgen. Eine nicht mehr teilbare Prozessein-

---

[90] Scheer Wilhelm, Jost Wolfram (2002, S. 201).
[91] Wagner Karl Werner, Käfer Roman (2010, S. 265).
[92] Becker Jörg, Kugeler Martin, Rosemann Michael (2008, S. 530f).
[93] Scheer Wilhelm, Jost Wolfram, Wagner Karl (2005, S. 231).
[94] Schmelzer Hermann J., Sesselmann Wolfgang (2010, S. 133f).
[95] Schmelzer Hermann J., Sesselmann Wolfgang (2010, S. 212).
[96] Fischermanns, Guido (2010, S. 92).
[97] Vgl. Gareis Roland, Stummer Michael (2007, S. 117).

heit ist eine Aufgabe. Die Aufgabe kann, muss jedoch nicht, durch eine Arbeitsanweisung exakt definiert werden."[98]

Bräkling und Oidtmann führen diesen variablen Ansatz weiter. „Bei der Abstufung der Prozessebenen und der damit verbundenen Detaillierung der Prozessbeschreibungen empfiehlt sich eine Orientierung an den Hierarchieebenen des Unternehmens."[99] „Die unterschiedlichen Aggregierungsstufen sind für eine zielgerichtete und präzise Navigation im Prozesssystem hilfreich. (…) Die derart beschriebenen Einzelprozesse sind nun zu einem zusammenhängenden Prozessmodell zu vernetzen, das einen strukturierten Überblick über die Ablauforganisation des gesamten Unternehmens bringt."[100]

Etwas konkreter wird es schon laut Wagner und Käfer. Ausgehend von der Prozesslandkarte, welche auf oberster Ebene das Zusammenwirken der (Haupt-)Prozesse zeigt, können viele Detaillierungsebenen verwendet werden, um die Hauptprozesse, die Prozesse sowie die Prozessdetails aufzuzeigen.[101]

Eine Empfehlung wird von Bergsmann ausgesprochen. „Generell sollte man versuchen, mit insgesamt maximal fünf Detaillierungsebenen auszukommen. Alle Prozesse sollten dabei zumindest auf die Ebene zwei, eventuell drei heruntergebrochen werden. Ob sie darüber hinaus noch weiter detailliert werden, hängt von der verfolgten Zielsetzung ab."[102]

Wenn über Prozessebenen und Detaillierungsgrade von Prozessebenen recherchiert wird, tritt man automatisch mit der „Durchgängigkeit" und dem „Top-down" Ansatz in Berührung. Aus diesem Grund wurde für das gemeinsame Verständnis, der „Top-down" Ansatz folgend ausgearbeitet.

Autor	Definition
Karer	„Die Beschreibung von Prozessen erfolgt in der Regel Top-down, vom groben zum Feinen."[103]
Wagner Karl W., Patzak Gerold	"Top-down Strategie (vom ganzen zum Teil) als Vorgehensweise bei der Analyse, Synthese und Optimierung von Sachverhalten."[104]
Becker Jörg, Kugeler Martin, Rosemann Michael	„Beim Top-down Ansatz werden von den durch die strategischen Geschäftsfelder zusammengefassten Leistungen ausgehend, Kernprozesse identifiziert. Die Verfeinerung dieser erfolgt retrograd anhand der Leistungen, indem jeweils die Funktionsschritte zur Erstellung der Gesamtleistung bzw. einer Teilleistung ausgehend, von diesen ermittelt und definiert werden. (…) Die so ermittelten Prozesse der

---

[98] Paschke, Krzysztof (2011, S. 104).
[99] Bräkling Elmar, Oidtmann Klaus (2006, S. 58).
[100] Bräkling Elmar, Oidtmann Klaus (2006, S. 62).
[101] Vgl. Wagner Karl Werner, Käfer Roman (2010, S. 53).
[102] Bergsmann, Stefan (2012, S. 98).
[103] Karer, Albert (2007, S. 42).
[104] Wagner Karl W., Patzak Gerold (2007, S. 17).

<table>
<tr><td></td><td>obersten Abstraktionsebene werden im weiteren Verlauf der Modellgestaltung sukzessiv verfeinert, indem jeder funktionsschritt eines Prozesses selbst als Prozess mit zu erstellender Leistung aufgefasst wird." [105]</td></tr>
<tr><td>Josuttis</td><td>„Beim Top-down Ansatz zerlegt man ein Problem, System oder einen Prozess so lange immer wieder in kleinere Einheiten, bis man schließlich bei (Basis-)Services landet."[106]</td></tr>
<tr><td>Paschke</td><td>„Die Ist-Aufnahme, Bewertung und Dokumentation der Ablauforganisation kann systematisch von der obersten bis hin zur untersten Prozessebene in der Unternehmensstruktur erfolgen (Top-down Methode)."[107]</td></tr>
</table>

Tabelle 12: Definitionen über den „Top-down" Ansatz
Quelle: eigene Darstellung

3.2.6 Fehlende Konkretisierung von Prozessebenen

Vielerorts wird entweder vage oder gar nicht über ein Prozessebenenmodell oder einer Detaillierung nach Ebenen eingegangen. Markant dabei ist, dass dies z.B. bei der Norm ISO 9000 ff. der Fall ist.

3.2.6.1 ISO 9000

„Die ISO 9000 ff. sagt, „was" die Prozesse tun müssen, aber nicht, „wie". Die Norm gibt kaum Hinweise darauf, wie Prozesse zu strukturieren, zu verknüpfen, zu leiten und zu lenken sind (...)"[108]

3.2.6.2 ISO 9001

In der Norm ISO 9001 werden in den Abschnitten 6 bis 8 (Geschäfts-) Prozesse angeführt, wo manche Unternehmen versuchen, daraus ein Prozessmodell abzuleiten. Problematisch daran ist, dass es unterschiedliche Prozesstypen, sowie verschiedene Prozessebenen vermischt. Die ISO 9001:2008 wird der Prozessorientierung aus dem Blickwinkel des Geschäftsprozessmanagements nur punktuell gerecht. Sie deckt nicht die Anforderungen an ein wirksames Prozessmanagement ab.[109]

3.2.6.3 ISO 9004

Die Norm ISO 9004:2009 nähert sich vermehrt dem Geschäftsprozessmanagement, wobei es den Anforderungen an ein durchgängiges Prozessmodell nicht gerecht wird. Es

---

[105] Becker Jörg, Kugeler Martin, Rosemann Michael (2008, S. 198).
[106] Josuttis, Nicolai (2009, S. 106).
[107] Paschke, Krzysztof (2011, S. 122).
[108] Schmelzer Hermann J., Sesselmann Wolfgang (2010, S. 34).
[109] Vgl. Schmelzer Hermann J., Sesselmann Wolfgang (2010, S. 34ff).

werden zwar prozessbezogene Empfehlungen gestellt und ein Prozessmodell angeführt, diese besitzen aber den Charakter einer Anleitung und keiner Zertifizierungsrichtlinie.[110]

3.2.6.4 eTOM

Die verschieden detaillierten Prozessstrukturen werden lediglich in vier Abstraktionsniveaus zusammengefasst: Level 0-3.[111]

3.2.6.5 Weitere Beispiele

Sowohl Volck mit der Festlegung: „Prozesse lassen sich auf unterschiedlichen Aggregationsebenen abbilden"[112], als auch Jochem, Mertins und Knothe mit der Beschreibung: „Die Detaillierungstiefe sollte so gering wie möglich, aber so tief wie nötig gewählt werden"[113], geben keinen Anhaltspunkt für eine Konkretisierung eines Prozessebenenmodells oder einer Detaillierung nach Ebenen.

Karer verwendet eigene Begriffe für ähnlich Gemeintes. Das Prinzip der Schachtelung ist ein einfaches Verfahren, um Prozessdarstellungen, die eine große Anzahl einzelner Aufgaben enthalten, zu vereinfachen. Dabei werden auf unterster Ebene mehrere Aufgaben zu einer zusammenhängenden Aufgabe zusammengefasst. Wird dieses nach oben hin immer wieder durchgeführt, so wird von jeweiligen Gliederungsstufen gesprochen. Für die Schachtelung gibt es keine festen Regeln, sie erfolgt immer willkürlich aufgrund von subjektiven Überlegungen. Je geringer die Schachtelungstiefe (Grad der Gliederung), desto mehr überwiegen die Vorteile. Eine optimale Gliederungstiefe liegt bei drei bis vier Ebenen und selbst da verliert man, wie die Praxis zeigt, schnell die Übersicht.[114]

---

[110] Vgl. Schmelzer Hermann J., Sesselmann Wolfgang (2010, S. 36f).
[111] Vgl. Hager, Markus (2008, S. 49ff). , Vgl. Brenner, Michael (2007, S. 54ff).
[112] Volck, Stefan (1997, S. 90).
[113] Jochem Roland, Mertins Kai, Knothe Thomas (2010, S. 235).
[114] Vgl. Karer, Albert (2007, S. 38f).

4 Empirische Studie über die umgesetzte Praxis

Im Zuge der Forschung dieser Arbeit, wurden Interviews mit Experten (siehe Kapitel 7.2.2) durchgeführt um einerseits eine Recherche zur umgesetzten Praxis durchzuführen und andererseits das entwickelte Prozessebenenmodell auf deren Tauglichkeit zu evaluiert. In diesem Kapitel werden die anonymisierten Gesamtaussagen der Experten zur umgesetzten Praxis zu den Themen:

- Bestehende Prozessebenenmodelle und Standards,
- Standardisierungsmöglichkeiten von Prozessen,
- Einordnung von Prozessen in Prozessebenen zwischen Strategie und technologiegestützten Maßnahmen,

angeführt.

4.1 Bestehende Prozessebenenmodelle und Standards

Unter Prozessebenenmodell verstehen die Experten eine abstrakte Struktur, in diese alle Prozessaktivitäten je nach Detaillierungsgrad in jeweilige Ebenen zugeordnet werden können. Grundsätzlich ist keinem Experten ein detailliert beschriebenes Prozessebenenmodell bekannt. Jedoch werden die in der Literatur dargestellten Prozessebenenbezeichnungen wie Prozesslandkarte, Hauptprozesse, Teil- oder Detailprozesse ebenso genannt. Bei dem Thema Prozessmodellstandards konnte ein weiterer breiter Konsens gefunden werden, indem die Modelle ITIL, eTOM, COBIT, SCORE, ISO 9000, ISO 15504 SPICE, CMMI usw. aufgezählt wurden. Zum Thema Integrationsmöglichkeit dieser Modelle merkten die Experten an, dass zum einen nur jene Prozesse Gegenstand der Integration wären, welche aus einem Prozessmodellstandard abgeleitet werden und zum anderen, dass durch diese (Branchen)Standards Vergleichsmöglichkeiten geschaffen werden, die gleichzeitig auch inhaltliche Anforderungen an die Prozesse aufzeigen. Als Vorteil der bestehenden Modelle wurden die verbesserte Analysemöglichkeit, die strukturierte Ordnung und die Sicht von „außen" gesehen. Als Nachteil konnte ein Schwerpunkt bei der Gefahr einer falschen Handhabung erkannt werden. Anhand von Prozesskategorien kann eine Zuordnung der Prozesse in Prozessebenen zusätzlich unterstützt werden. Die Definition und Anwendung von Prozessbausteinen wird als Standardisierungspotenzial (wiederverwendbar) interpretiert, wodurch sich auch ein Benchmark möglich machen lässt.

4.2 Standardisierung von Prozessen

Hier bewegten sich die Experten anfangs im allgemeineren Themenkreis, indem gemeint wurde, dass es wenige bis keine allgemeinen Möglichkeiten zur Standardisierung von Prozessen gäbe, da das jeweilige Prozessgefüge lediglich einer Ausprägung eines Standards entspräche oder gleiche Prozessebenenmodelle gleiche Unternehmen bedeuten würde. Dies könnte nur über eine IT Softwarelösung, eine Eingrenzung der Sichtweise nach Branchen oder eine Standardisierung innerhalb eines Unternehmens mittels eines operativen und strategischen Process Lifecycle gelingen. Eine Option einer Standardisierung von Prozessen wird im Rahmen der Prozessmethoden erkannt. Die Definition von Standardprozessbausteinen auf der Hauptprozessebene, idealerweise abgeleitet aus einem Referenzmodell, oder ein serviceorientiertes Vorgehen der IT (SOA) würde dies fördern.

4.3 Prozessebenenmodell zwischen Strategie und technologiegestützten Maßnahmen

Über die Möglichkeit der Beziehung von Prozessen in strategischen Überlegungen waren sich die Experten nicht ganz einig. Einerseits wurde sehr konkret eine Einbindung von Prozessen in den Strategieplanungsprozess gefordert und andererseits wurde zwar die theoretische Möglichkeit gesehen, aber in der Praxis zumeist nicht als Eingebunden befunden. Die Möglichkeiten bestehen in einer Strategieableitung mittels Matrix und dem Abgleich der strategischen Auswirkungen anhand der Prozesslandkarte, welche die oberste Prozessebene beinhaltet. Die Anforderungen an die Prozesslandkarte bestehen darin, dass ein Augenmerk auf die Verständlichkeit und Einfachheit einer selbsterklärenden Darstellung gelegt werden soll. Zusätzlich soll in diesem generischen Ansatz ein Verständnis der Verantwortlichkeiten entlang der wertschöpfenden Prozesse gefördert, eine End-to-End Prozesssicht dargestellt, die gesamte Compliance eines Unternehmens abbildbar und die SLA Zuordnung möglich gemacht werden.

Über die Möglichkeit der Beziehung von Prozessen der detaillierteren Prozessebenen zu technologiegestützten Maßnahmen, wurden unterschiedliche Wege beschrieben. Abgesehen davon, dass auch diese in der Praxis oft nicht zur produktiven Anwendung kommt, bestehen die Möglichkeiten über die Definition generischer Services oder der eigentlichen Informationsobjekte im Prozess.

Die Informationsobjekte im Prozess, welche als Input oder Output in der Prozessdokumentation dargestellt werden, können als Objekte in einem Workflow, als Datenobjekte in einer Datenmodellierung oder in einer plattformunabhängigen Metasprache zur Beschreibung von Geschäftsprozessmodellen wie z.B. der Business Process Modeling Language (BPML), die Verbindung zu technologiegestützten Maßnahmen herstellen.

5 Generisches Prozessebenenmodell (PrEMo)

Bei der Geschäftsprozessmodellierung werden grundsätzlich Prozesse auf oberster Ebene dargestellt und je nach Detaillierungsgrad, in Ebenen verfeinert.

Wenn nach den bisherigen Erkenntnissen keine vergleichbaren Ansätze eines detailliert beschriebenen Prozessebenenmodells vorherrschen, so stellt sich nun konkret die Frage, wie ein solch generisches Prozessebenenmodell aufgebaut sein soll. Des Weiteren wäre zu klären, wie dadurch eine durchgängige und standardisierte Geschäftsprozessmodellierung erreicht werden kann.

Damit dieses beantwortet werden kann, muss vorab die Einordnung eines Prozessebenenmodells zwischen Strategie und technologiegestützten Maßnahmen konkretisiert werden.

Das neu entwickelte generische **Pr**oz**e**ssebenen**mo**dell wird folgend auch mit der Abkürzung **„PrEMo"** bezeichnet.

5.1 Anforderungen an ein Prozessebenenmodell

Ergänzend zum Kapitel 2.4 wird festgehalten, dass sich ein generisches, somit allgemein gültiges Prozessebenenmodell das Bindeglied zwischen Strategie und technologiegestützten Maßnahmen bilden muss. Zudem muss es jenen flexiblen und transparenten Rahmen bieten, damit Geschäftsprozessmodelle strukturiert und ableitbar eingeordnet werden können. Um den laufenden Aufwand an Prozessimplementierung, Wartung der Prozessmodelle, Schulungen, beteiligten Ressourcen usw. zu senken und gleichzeitig aber eine Steigerung der Qualität erzielen zu können, muss die Forderung von Standardisierungsmöglichkeiten erfüllt werden. Da es grundsätzlich keine Einschränkung bei dem Einsatz nach Unternehmensgröße, -branche, -sparte geben darf, muss das generische Prozessebenenmodell toolunabhängig definiert, individuell verwendbar und jederzeit anpassungsfähig bzw. erweiterbar sein.

5.2 Aufbau und Einordnung

Wie bereits im theoretischen Teil (Kapitel 3.2.1.2) behandelt, lässt sich die Einordnung des Prozessebenenmodells (PrEMo) zwischen Strategie und technologiegestützten Maßnahmen durch den Ansatz von Österle ableiten.

Österle unterscheidet in seinem Business Engineering drei Bereiche der Gestaltung eines Unternehmens. Der Prozess konkretisiert die Geschäftsstrategie und verknüpft sie mit dem Informationssystem (wie in der nächststehenden Abbildung dargelegt). [115]

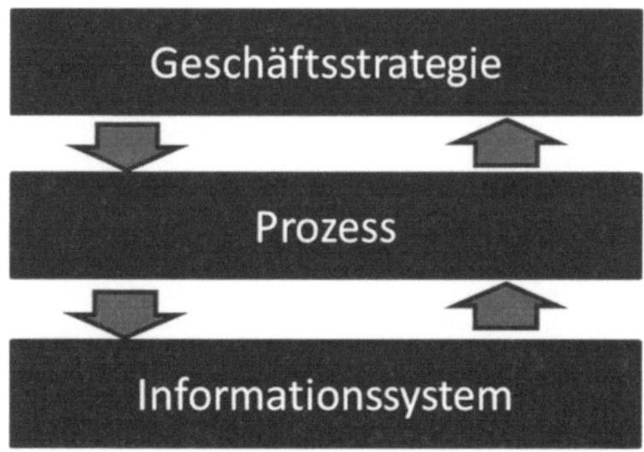

Abbildung 3: Bereiche des Business Engineerings
Quelle: eigene Darstellung in Anlehnung an Österle [116]

Gadatsch erweitert diese Definition folgendermaßen: „Nach Österle ist der Geschäftsprozess eine Abfolge von Aufgaben, die über mehrere organisatorische Einheiten verteilt sein können und deren Ausführung von informationstechnologischen Anwendungen unterstützt wird. (…) Als spezielle Form der Ablauforganisation konkretisiert der Geschäftsprozess die Geschäftsstrategie und verknüpft sie mit dem Informationssystem. Somit kann der Geschäftsprozess als Bindeglied zwischen der Unternehmensstrategie und der Systementwicklung bzw. den unterstützenden Informationssystemen gesehen werden."[117]

Genau dieser Unternehmensgestaltungsbereich „Prozess" bzw. „Geschäftsprozess" stellt den Wirkungsbereich des neu entwickelten generischen Prozessebenenmodells dar. Die abgeleitete bzw. spezifizierte Darstellung lässt sich folgendermaßen zum Ausdruck bringen.

---

[115] Vgl. Österle, Hubert (1995, S. 20).
[116] Vgl. Österle, Hubert (1995, S. 16).
[117] Gadatsch, Andreas (2001, S. 29f).

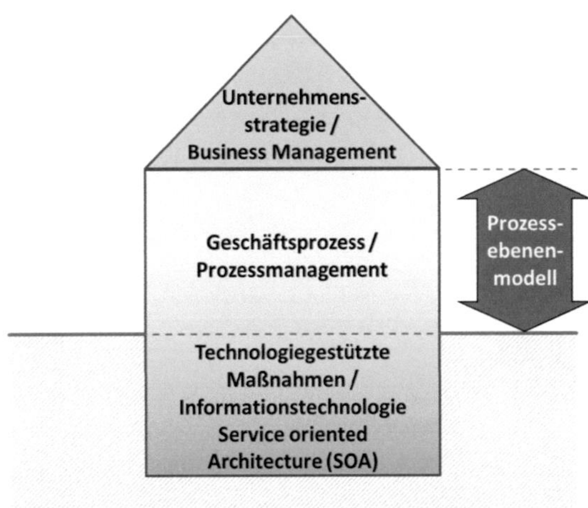

Abbildung 4: Abgeleitete Darstellung und Einordnung des Prozessebenenmodells
Quelle: eigene Darstellung

Dieses neu entwickelte Prozessebenenmodell ist in der Gesamtheit methodisch durchgängig aufgebaut, verfolgt den Top-down Ansatz und stellt das lückenlose Bindeglied zwischen Strategie und technologiegestützten Maßnahmen dar.

Unter einer Gesamtheit versteht Osterloh und Frost folgendes: „Um die Komplexität eines Unternehmens und seiner Prozesse zu überblicken, sind sowohl die Kenntnisse der Gesamtzusammenhänge, als auch die der detaillierteren Abläufe nötig."[118]

Grundsätzlich besteht das Prozessebenenmodell aus der „Geschäftsprozessebene", der „Standardisierungsebene", der „Detailprozessebene" und einem Teil der „Business Service Ebene". Aus einem Teil deshalb, da dieser Bereich die integrative Ebene zwischen den Geschäftsprozessen und den technologiegestützten Maßnahmen darstellt. Solch eine integrative Ebene ist zwischen der Unternehmensstrategie und den Geschäftsprozessen nicht notwendig, da die Verknüpfung nicht in modellbasierter Form gelöst wird, sondern mittels einer analytischen Vorgehensweise. Im Anschluss werden grafisch der Aufbau und die Einordnung des Prozessebenenmodells darge-stellt.

---

[118] Osterloh Margit, Frost Jetta (2003, S. 240).

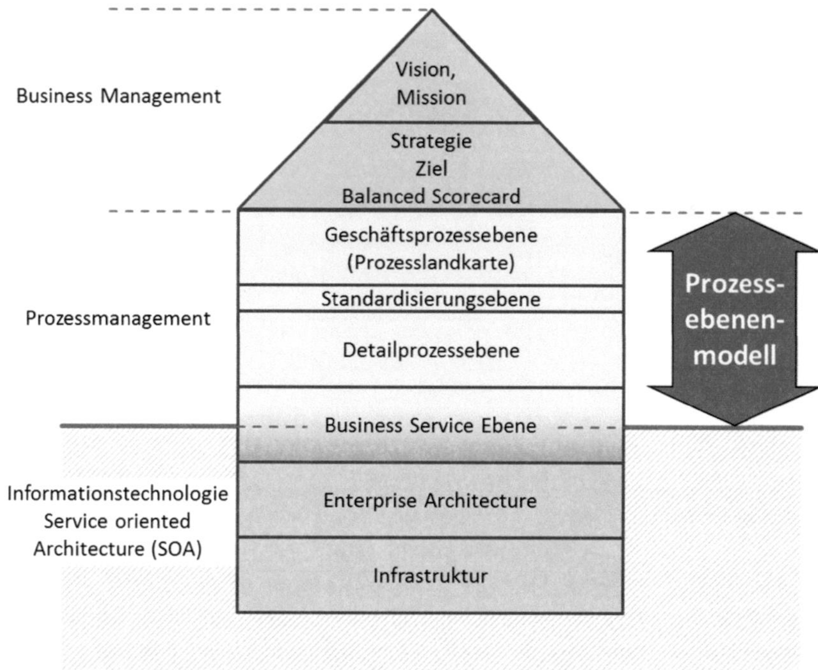

Abbildung 5: Aufbau und Einordnung des Prozessebenenmodells
Quelle: eigene Darstellung

Die Geschäftsprozess- und die Standardisierungsebene kann als normativer bzw. generalistischer Wirkungsbereich aufgefasst werden, da diese Komponenten Vorgaben, Standardisierungs-, Steuerungs- und Regelungsmechanismen beinhalten. Hingegen stellen die Schwerpunkte der Detailprozess- und Business Service Ebene den Bezug zu operativen Handlungsfeldern her.

5.3 Verknüpfung der Unternehmensstrategie mit den Geschäftsprozessen

Oft existiert eine Lücke zwischen der Mission-Vision-Strategie eines Unternehmens und den bestehenden Geschäftsprozessen samt den laufenden Initiativen. Die Strategy Map und die abgeleitete Balanced Scorecard (BSC) verbindet Vision und Strategie eines Unternehmens mit dem operativen Tagesgeschäft.

Kaplan und Norton definierten diese Verbindung folgendermaßen: „Die Balanced Scorecard-Strategy Map stellt einen Bezugsrahmen zur Verfügung, um zu illustrieren, wie die Strategie immaterielle Vermögenswerte mit Wertschöpfungsprozessen verbindet".[119]

Weiterführend differenzierten Kaplan und Norton die Strategy Map und BSC insofern, indem die Strategy Map die Logik der Strategie mit den kritischen wertschöpfenden Prozessen einschließlich den Zielen für die immateriellen Vermögenswerte zeigt und die BSC die Zielsetzung der Strategy Map in Messgrößen inklusive Vorgaben übersetzt.[120]

Die Ziele der BSC werden von Baschin folgendermaßen beschrieben: „Ziel der Balanced Scorecard ist, Visionen und strategische Ziele mithilfe von Kennzahlen fassbarer zu machen. Diese Ziele werden über vollständige Wirkungsprämissen mit dem unternehmerischen Alltag verbunden. Es werden für die Ziele Kennzahlen ermittelt, die relevant für die strategische Ausrichtung und ausschlaggebend für die operative Umsetzung der Strategie sind."[121]

Die aus der Strategie abgeleiteten strategischen Ziele werden in jeweilige Perspektiven einer BSC eingebettet.

Die Perspektiven einer BSC können für den jeweiligen Zweck bzw. die jeweilige Organisation individuell festgelegt werden.[122] In der Regel besteht die BSC aber aus der Finanz- Kunden- Prozess- und Potenzialperspektive.[123]

Will man eine BSC mit seinen vier Perspektiven und den zugeordneten strategischen Zielen um eine Strategy Map erweitern, so werden die strategischen Ziele nach dem Prinzip der Ursache-Wirkung untereinander von unten nach oben in Verbindung gebracht. Dabei können Plausibilitätsprüfungen der Ursache-Wirkungskettenverbindungen darüber Auskunft geben, ob die definierten strategischen Ziele in sich schlüssig sind.[124]

Die nachstehende Grafik versucht diese theoretische Erklärung, grafisch zu unterstreichen.

---

[119] Kaplan Robert S., Norton David P. (2004, S. 28).
[120] Vgl. Kaplan Robert S., Norton David P. (2004, S. 45).
[121] Baschin, Anja (2001, S. 59).
[122] Vgl. Kaplan Robert S., Norton David P. (1997). , Vgl. Kaplan Robert S., Norton David P. (2004).
[123] Vgl. Wagner Karl Werner, Käfer Roman (2010, S. 29). Vgl. Blicke Tobias, Hess Helge, Klueckmann Joerg, Lees Mike, Williams Bruce (2010, S. 77). Vgl. Huber, Bernhard M. (2009, S. 40).
[124] Vgl. Wagner Karl W., Patzak Gerold (2007, S. 370ff). Vgl. Eder, Oliver (2007, S. 42).

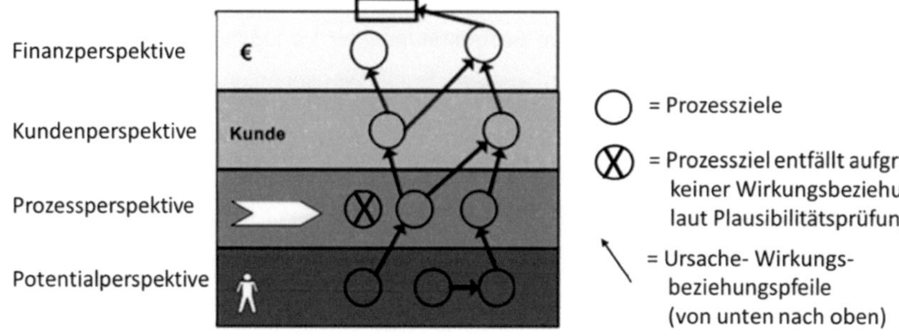

Abbildung 6: Beispiel einer Strategy Map
Quelle: eigene Darstellung

Zwischen Geschäftsprozessmanagement und der BSC besteht eine direkte Beziehung. Zum einen liefert die BSC die Basis für die Definition der Prozessziele. Dadurch wird sichergestellt, dass Prozessziele kompatibel mit der Unternehmensstrategie und den Unternehmenszielen sind. Zum anderen stellt das Prozesscontrolling Messdaten bereit, die in die BSC eingehen und anhand derer die Leistungssituation des operativen Bereiches beurteilt werden kann.[125]

Mit Hilfe der BSC können somit Prozessziele, in Ausrichtung der Unternehmensstrategie, abgeleitet und definiert werden. [126]

Dadurch wird eine effiziente Steuerung der Prozesse ermöglicht oder wie es Wagner und Patzak formulieren: „Die Definition der Prozessziele ist die Grundlage zur Steuerung und Kontrolle der Prozesse."[127]

5.3.1 Identifizierung strategisch betroffener Prozesse

Bei der Identifizierung der strategisch betroffenen Prozesse sind grundsätzlich zwei Fragen zu beantworten. Zum einen: welche Geschäftsprozesse sind von der festgelegten Strategie betroffen bzw. leisten einen Beitrag zur strategischen Zielerreichung? Zum anderen: welche Geschäftsprozesse müssen verändert/ergänzt werden, damit die strategischen Ziele optimal erreicht werden können?

---

[125] Vgl. Schmelzer Hermann J., Sesselmann Wolfgang (2010, S. 16, 270f). Vgl. Ahlrichs Frank, Knuppertz Thilo (2010, S. 222ff).
[126] Vgl. Ahlrichs Frank, Knuppertz Thilo (2010, S. 85). Vgl. Jochem Roland, Mertins Kai, Knothe Thomas (2010, S. 582).
[127] Wagner Karl W., Patzak Gerold (2007, S. 166).

Zunächst können mittels einer Korrelationsmatrix die strategischen Ziele aus der BSC mit den Prozessen in Verbindung gebracht und nach deren Unterstützungs-/Abhängigkeitsgrad bewertet werden. Die Bewertungsindikatoren können frei definiert werden. Zum Beispiel würde bei einer Skala von null bis drei, 0=keine Relevanz, 1=geringe Relevanz, 2=mittlere Relevanz und 3=starke Abhängigkeiten bedeuten. Die jeweiligen Quersummen sagen den Grad des strategischen Zielbeitrages aus. Mit dieser Erkenntnis kann die Tragweite transparent dargestellt und der prozessuale Handlungsrahmen eingegrenzt werden.

	Prozess 1	Prozess 2	Prozess 3	Prozess 4	Prozess 5	Prozess 6	Prozess 7
Strategisches Ziel 1	0	3	1	2	3	0	0
Strategisches Ziel 2	2	3	2	3	3	0	2
Strategisches Ziel 3	1	2	2	2	3	1	3
strategischer Zielbeitrag	3	8	5	7	9	1	5

Tabelle 13: Korrelationsmatrix, strategierelevante Prozesse
Quelle: eigene Darstellung

In diesem veranschaulichten Beispiel kann erkannt werden, dass der Prozess 2, 4, und 5 den einflussreichsten Beitrag zur strategischen Zielerreichung leisten kann bzw. jenen prozessualen Handlungsrahmen darstellt, die eine optimale Zielerreichung erfordert. Diese Methode dient auch jenem Zweck, dass eine Effektivität in der Eingrenzung gegeben ist.

Effektivität bedeutet in diesem Zusammenhang, „doing the right things", dass die richtige Grundlage für die Definition der Erfolgsfaktoren bestimmt wird.[128] Damit sollen in erster Linie nur die wichtigsten/relevantesten Prozesse behandelt und diese in weiterer Folge optimal gestaltet werden.

---

[128] Vgl. Osterloh Margit, Frost Jetta (2003, S. 182). Vgl. Schmelzer Hermann J., Sesselmann Wolfgang (2010, S. 3f).

5.3.2 Prozesszieldefinition

Nach der Identifizierung und Gewichtung der strategisch betroffenen Prozesse können die Prozessziele definiert werden.[129]

Die Prozessziele können in einer Tabelle anhand der Faktoren Prozess, Prozessziel, Kennzahl, Zielwert, Messmethode, Messfrequenz und Verantwortlicher festgehalten werden (siehe Tabelle 14). Alternativ kann bereits ein Platzhalter für die Zielerreichung vorgesehen werden, damit im weiteren Verlauf immer wieder das ursprüngliche Template verwendet wird. Eine laufende Überprüfung des Zielerreichungswertes oder des Zielerreichungsgrades gibt Auskunft über die Entwicklung der Maßnahmen und stellt gleichzeitig die Grundlage für das Reporting dar (Abbildung 7).

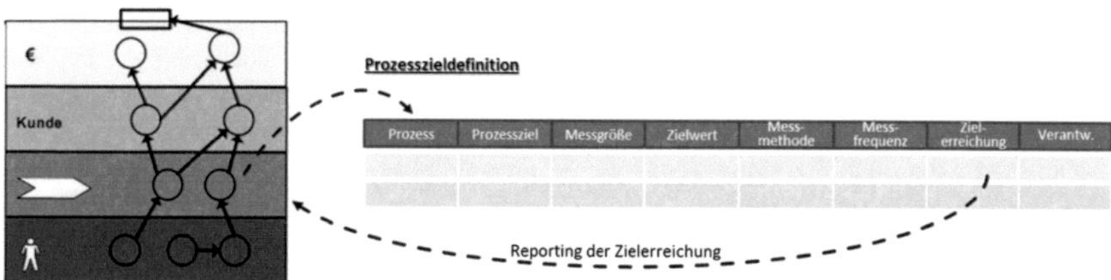

Abbildung 7: Ableitung der Prozesszieldefinition aus der Strategy Map/BSC
Quelle: eigene Darstellung

Bestandteil	Eintrag
Prozess	Welcher Prozess ist betroffen?
Prozessziel	Wie lautet das Ziel?
Kennzahl	Was wird gemessen?
Zielwert	Was soll erreicht werden?
Messmethode	Wie wird gemessen?
Messfrequenz	Wie häufig wird gemessen?
Verantw.	Wer ist für die Messung verantwortlich?

Tabelle 14: Bestandteile einer Prozesszieldefinition
Quelle: eigene Darstellung in Anlehnung an Wagner und Patzak [130]

Letztendlich sollen Maßnahmen getroffen werden, indem die Geschäftsprozesse nach den Prozesszielen ausgerichtet werden. Dies kann in kleinerer Dimension anhand eines bestehend etablierten kontinuierlichen Verbesserungsprozesses (KVP) oder im größeren Ausmaß, mittels eines Umsetzungs-/Optimierungsprojektes bewerkstelligt werden.[131]

---

[129] Vgl. Schmelzer Hermann J., Sesselmann Wolfgang (2010, S. 124).
[130] Vgl. Wagner Karl W., Patzak Gerold (2007, S. 168).
[131] Vgl. Bräkling Elmar, Oidtmann Klaus (2006, S. 187ff).

Jegliche Änderungen auf granularer Geschäftsprozessebene sind in der Prozesslandkarte zu berücksichtigen. Ebenso wäre bei der Neuaufnahme eines Geschäftsprozesses vorzugehen.

5.4 Geschäftsprozessebene

Mit der Geschäftsprozessebene beginnt das eigentliche Prozessebenenmodell.

Die Prozesslandkarte stellt die oberste Ebene der Geschäftsprozessebene dar.[132]

Im weiteren Verlauf dieser Arbeit wird versucht, die Orientierung der jeweilig beschriebenen Prozessebene grafisch zu unterstreichen.

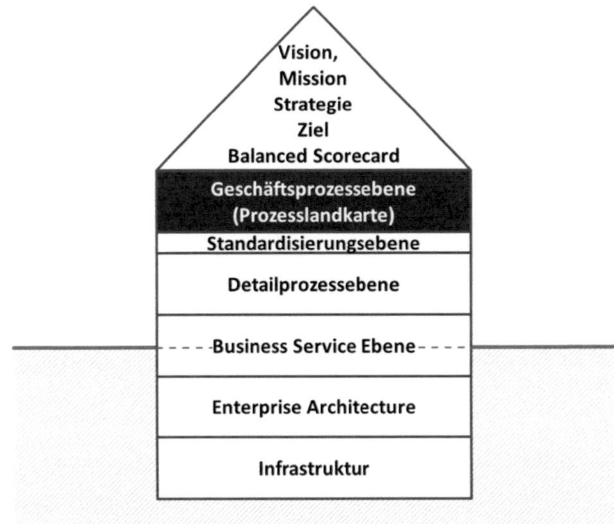

Abbildung 8: Grafische Orientierungshilfe im PrEMo
Quelle: eigene Darstellung

5.4.1 Prozesslandkarte

Die Prozesslandkarte ist eine grafische Darstellung der Geschäftsprozesse eines Unternehmens. Sie schafft einen ersten Überblick über die identifizierten Prozesse und deren
Strukturierung. Die Prozesslandkarte ist ein wichtiges Kommunikationsinstrument.[133]

---

[132] Vgl. Bergsmann, Stefan (2012, S. 187).
[133] Vgl. Gareis Roland, Stummer Michael (2007, S. 92).

Sie beinhaltet alle wesentlichen und wertschöpfenden Geschäftsprozesse des Unternehmens mit ihren Wechselwirkungen und/oder zeitlichen Beziehungen. Die Schaffung eines einheitlichen Verständnisses/Sprache als Orientierungshilfe, die Erhöhung der Transparenz über Abläufe und Verantwortlichkeiten, sowie ein gesteigertes Grundverständnis für alle Beteiligten, ist ein wesentlicher Nutzen. Vereinfacht kann auch von einer „Visitenkarte des Unternehmens" gesprochen werden.

Mittels der Prozesslandkarte wird durch die Darstellung der wertschöpfenden Tätigkeiten der Kundennutzen klar in den Vordergrund gestellt.

Unter wertschöpfenden Tätigkeiten werden die Tätigkeiten verstanden, die aus der Sicht des Kunden zu einer Wertsteigerung führen. Sie erhöhen also den Wert eines Ergebnisses für den Kunden während des Prozessablaufes.[134]

Die Prozesslandkarte gliedert sich zumeist in drei Kategorien. Schmelzer und Sesselmann geben eine Übersicht über die üblich verwendeten Kategorien.

Organisation	Kategorien
European Foundation for Quality Management (EFQM)	• Management Processes • Operating Processes • Support Processes
Process Classification Framework (PCF)	• Management and Support Processes • Operating Processes
ISO/IEC-12207 SPICE (ISO/IEC 15504)	• Primary Processes • Organizational Processes • Supporting Processes
BPM CBOK (European Association of Business Process Management)	• Führungsprozesse • Ausführungsprozesse • Unterstützungsprozesse
SAP IDS Scheer	• Führungsprozesse • Kernprozesse • Unterstützungsprozesse

Tabelle 15: Kategoriedefinitionen von Prozesslandkarten verschiedener Organisationen
Quelle: eigene Darstellung in Anlehnung an Schmelzer und Sesselmann [135]
Eine ähnlich umfassende Übersicht über die üblich verwendeten Kategorien weiterer Autoren (Binner, Bokranz/Dieckhöner/Kasten, Österle, EFQM, Rüegg-Stürm, Hassig) bietet Fischermanns in seinem Buch „Praxishandbuch Prozessmanagement" aus dem Jahr 2010, wobei sich der Grundgedanke mit den bisherigen Darstellungen deckt.[136]

In dieser Arbeit werden beispielhaft die Kategorien Management-, Kern- und Unterstützungsprozesse weiterverfolgt.

---

[134] Vgl. Schmelzer Hermann J., Sesselmann Wolfgang (2010, S. 139f).
[135] Schmelzer Hermann J., Sesselmann Wolfgang (2010, S. 78).
[136] Vgl. Fischermanns, Guido (2010, S. 99).

Ein wesentlicher Fokus des Prozessmanagements bildet die Kundenzentrierung. Dies gilt ebenso für die innerbetrieblichen Prozesse. Auch sie haben einen Kunden mit einem Wertanspruch. Die Kernprozesse stabilisieren sich selbst durch eigene Prozessregelung mit Prozesszielen und Regelgrößen. Management- und Unterstützungsprozesse müssen einen Wert für die Kernprozesse erzeugen.[137]

Es existieren mehrere Zugänge für die Darstellung von Prozesslandkarten. Ein Zugang beinhaltet die Fokussierung auf drei Kernprozesse, als zentrale Geschäftsprozesse des Unternehmens. Dies wären die Prozesse „Customer Relationship Management", „Supply Chain Management" und „Product Lifecycle Management". Beim zweiten Zugang steht die direkte Anfang-Ende-Beziehung (End-to-End Sicht) im Vordergrund. Sie setzt die anstoßenden und resultierenden Ereignisse bzw. Ergebnisse in sequentieller Folge um. Beim dritten Zugang werden die Geschäftsfälle hinsichtlich der einzelnen Kundensegmente stärker betont. Diese Betrachtungsweise stellt die Bedürfnisse und Anforderungen des Kunden der jeweiligen Geschäftssegmente explizit dar, um die Orientierung der Prozesse am Kunden, den Märkten und an deren Anforderungen zu unterstreichen.[138]

In der Praxis werden auch Mischformen angewandt. Ein Beispiel ist, wenn der Zugang der Fokussierung nach Kundengeschäftsfällen zusammen mit dem End-to-End Fokus verfolgt wird, wo der Trigger bzw. Auslöser dieser Kernprozesse der Kunde ist und nach diesem die Kernprozesse ausgerichtet sind.

Eine neue Betrachtungsweise könnte auch darin bestehen, dass der „Customer Relationship Management" Prozess um den „Customer Lifecycle Management" Prozess erweitert bzw. ersetzt wird. Oder der „Product Lifecycle Management (PLM)" Prozess wird um einen „Service Lifecycle Management (SLM)" Prozess erweitert bzw. ersetzt. Wesentlich ist, dass durch die Prozesslandkarte auch Unternehmenswerte kommuniziert werden können, indem man auf oberster Ebene die Relevanz und Wichtigkeit der wertschöpfenden Geschäftsprozesse betont.

Nachstehend können zwei Beispiele einer Mischform in einer Prozesslandkarte veranschaulicht werden. Das erste Beispiel stellt eine Prozesslandkarte für ein Telekommunikationsunternehmen dar, inklusive eines SLM Kernprozesses. Das zweite Beispiel stellt eine Prozesslandkarte für ein Beförderungsunternehmen dar.

---

[137] Vgl. Ministerium für Umwelt und Verkehr Baden-Württemberg (2000, S. 10).
[138] Vgl. Wagner Karl W., Patzak Gerold (2007, S. 67ff).

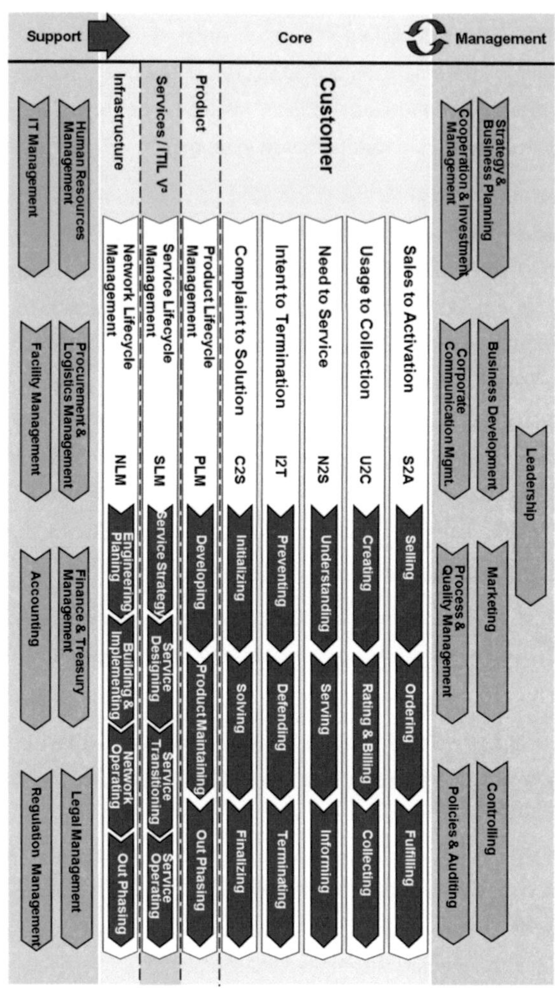

Abbildung 9: Beispiel einer Prozesslandkarte für ein Telekommunikationsunternehmen
Quelle: eigene Darstellung

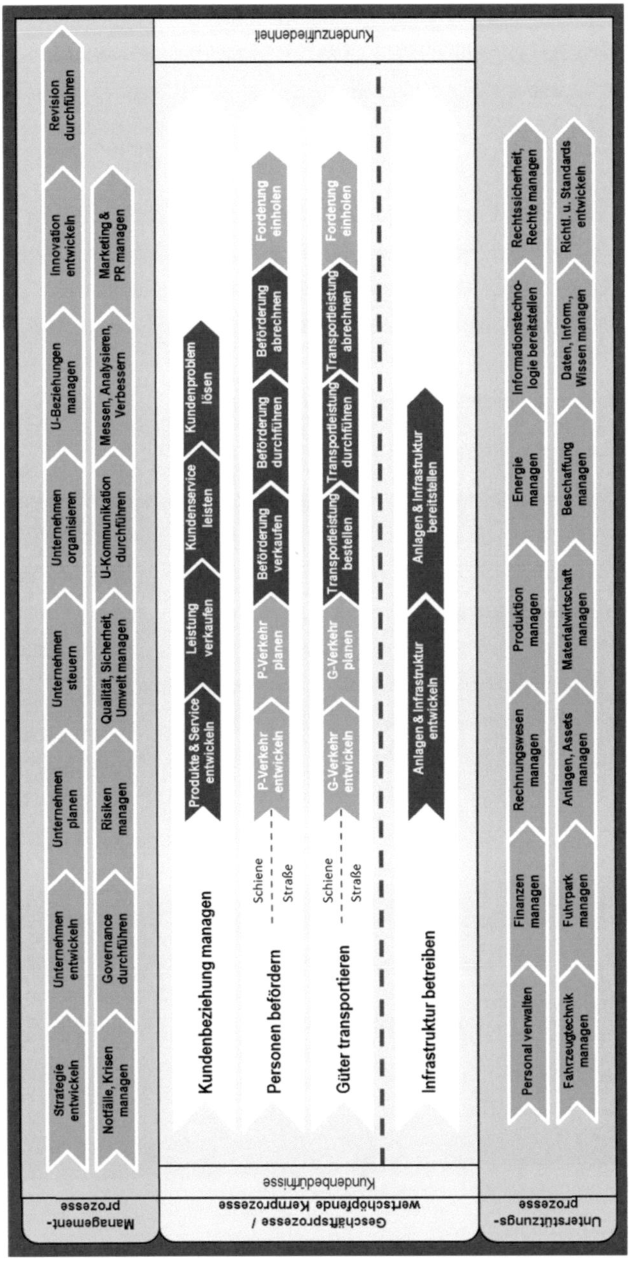

Abbildung 10: Beispiel einer Prozesslandkarte für ein Beförderungsunternehmen
Quelle: eigene Darstellung

Unter einer End-to-End Betrachtung versteht man, wenn Geschäftsprozesse vom Kundenwunsch bis zur kompletten Leistungserbringung definiert werden. Genauer ausgedrückt beinhaltet diese Betrachtung die integrative Sichtweise vom Bedarf des Kunden am Beginn (das eine Ende) bis zur Deckung dieses Bedarfs schlussendlich durch die erbrachte Leistung oder das Produkt (das andere Ende). [139]

Bergsmann fasst nach einer Literaturrecherche über das unterschiedliche Verständnis eines End-to-End Geschäftsprozesses, folgendes zusammen: „Ein End-to-End Geschäftsprozess ist die Abfolge aller notwendigen und direkt mit dem Geschäftsfall verbundenen Tätigkeiten zur Erstellung einer Leistung für einen Kunden, mit der bei diesem ein vorausgehender Bedarf gedeckt wird und die daher für diesen Wert ist, samt der Zuordnung der dafür notwendigen Ressourcen."[140]

Die Prozesslandkarte verfolgt einen klaren prozessorientierten Ablauf.

Zumeist ist man mit einer funktionsorientierten Aufbauorganisation konfrontiert.[141] Eine reine Prozessorganisation wird in Unternehmen oft nicht etabliert. Damit aber diese beiden kontroversen Sichtweisen in Beziehung gebracht werden können, empfiehlt sich eine Gegenüberstellung der Prozess- und Funktionsorientierung. Ein praktikabler Zugang hierfür wäre die Darstellung anhand einer Matrix in tabellarischer oder grafischer Form, wie es in folgender Abbildung beispielhaft illustriert wird.

---

[139] Vgl. Bergsmann, Stefan (2012, S. 6, 255).
[140] Bergsmann, Stefan (2012, S. 29).
[141] Vgl. Bock, Ingo (2010, S. 16).

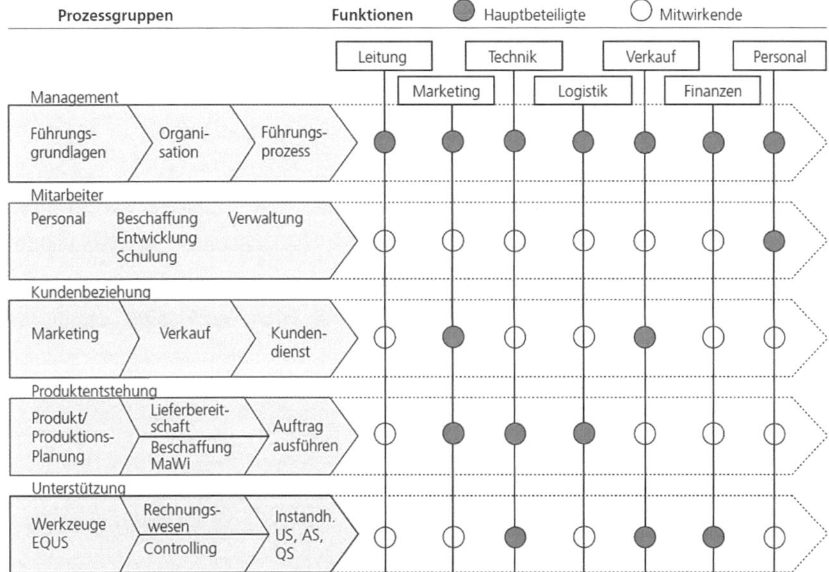

Abbildung 11: Beispiel einer Gegenüberstellung der Prozess- und Funktionsorientierung
Quelle: Ministerium für Umwelt und Verkehr Baden-Württemberg [142]

5.4.2 Detaillierungsstufen der Geschäftsprozessebene

Die jeweiligen Geschäftsprozesse aus der Prozesslandkarte können im Normalfall in beliebig vielen Detaillierungsstufen beschrieben werden. Einerseits ist die Anzahl der Detaillierungsstufen abhängig vom Umfang des jeweiligen Prozesses. Andererseits ist die Detaillierungsstufe in der Geschäftsprozessebene abhängig der allgemeinen Gültigkeit der Geschäftsprozessinformationen. Es soll die Grundaussage des Prozesses bzw. der grobe Prozessablauf eindeutig, einzigartig und homogen beschrieben werden. Dabei werden in dieser granularen Ebene noch keine Prozessunterscheidungen (Prozessvarianten) aufgrund von Bedingungen, Abhängigkeiten oder Sichtweisen dargestellt, wie es z.B. Abhängigkeiten nach Kundensegment- Produkt- Market Channel Informationen darstellen würden.

Als Grundaussage eines Prozesses kann auch all jenes aufgefasst werden, wo ein Handlungsschritt bezogen auf einen Handlungsgegenstand eindeutig beschrieben

---

[142] Ministerium für Umwelt und Verkehr Baden-Württemberg (2000, S. 15).

werden kann, wo hingegen ähnliche Handlungsschritte bezogen auf den gleichen Handlungsgegenstand nicht betrachtet werden.

Ein Beispiel, in einem klassischen Kernprozess „Verkauf durchführen" würde in der dritten oder vierten Detaillierungsstufe der Prozess „Angebot erstellen" angeführt werden. Dieser Angebotserstellungsprozess ist allgemein gültig und soll als solcher nur einmal definiert werden. Genauer ausgedrückt, Geschäftsprozesse sollen in dieser Ebene einen einzigartigen Charakter aufweisen. In dieser granularen Detaillierungsstufe sind noch keine Bedingungen, Abhängigkeiten oder Spezifizierungen enthalten, welche eine Unterscheidung der Angebotslegung nach bestimmten Leistungen, Produkten oder Kundengruppen beinhalten.

Somit ergibt sich in der Geschäftsprozessebene die Detaillierungsstufe, solange die generalistische Prozessaussage gewahrt bleiben kann.

Als Orientierung kann von einer sinnvollen Detaillierung für Kernprozesse, von drei bis vier Detaillierungsstufen ausgegangen werden. [143]

Als Beispiel werden die vier Detaillierungsstufen eines Kernprozesses „Sales to Activation" vorgestellt.

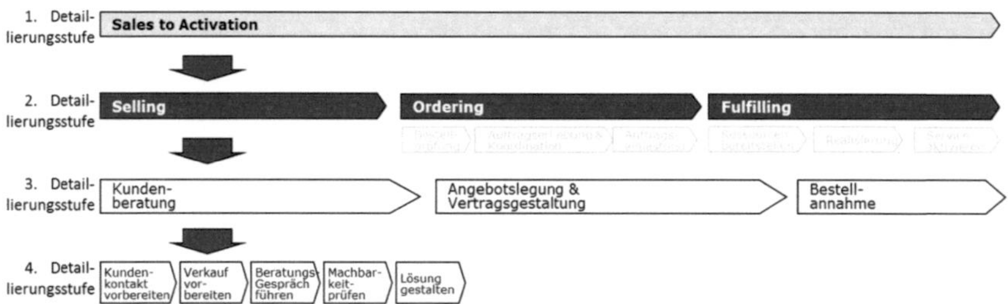

Abbildung 12: Beispiel von Detaillierungsstufen eines Kernprozesses
Quelle: eigene Darstellung

5.4.3 Prozessbausteine

Prozessbausteine beinhalten einmal definierte, klar abgegrenzte und im gesamten Umfang beschriebene Prozessablaufabschnitte. Prozessbausteine müssen somit einen

---

[143] Vgl. Karer, Albert (2007, S. 39).

einzigartigen Charakter aufweisen. Diese können auch als Schablonen für wiederkehrende Prozessteile bezeichnet werden.

Günther versteht unter einem Prozessablaufabschnitt ein Modul, wodurch eine Modularisierung von Prozessen vorgenommen werden kann. Die einzelnen Module bestehen aus Schnittstellen und der eigentlichen Funktionalität, diese können als Baustein festgehalten werden.[144]

Grunwald definiert einen Prozessbaustein folgendermaßen: „Ein Prozessbaustein besteht aus einem definierten Arbeitsinhalt integrierter Tätigkeiten, die dazu dienen, ein bestimmtes Zwischenergebnis zu erreichen."[145]

Prozessbausteine spielen im Prozessebenenmodell eine Schlüsselrolle, da diese eine Möglichkeit zur standardisierten Geschäftsprozessmodellierung darstellen. Einerseits kann im Zuge der Modellierung auf bestehende bzw. vordefinierte Prozessinformationen zurückgegriffen werden, welche eine Gewährleistung der Benutzung einheitlicher Prozessinformationen darstellen.

Andererseits können Prozessinhalte, Standards aus abgeleiteten Referenzprozessmodellen beinhalten (auf Referenzprozessmodelle wird in Kapitel 5.5.2 näher eingegangen).[146]

Ein weiterer Aspekt der Schlüsselrolle besteht darin, dass Prozessbausteine bevorzugte Möglichkeiten darstellen, eine Verbindung zu technologiegestützten Maßnahmen herzustellen. Näheres wird im Kapitel 5.7.1 beschrieben.

Ein weiteres Merkmal von Prozessbausteinen bietet die Basis für einen unternehmensübergreifenden Vergleich (Benchmark).

Damit eine Eindeutigkeit und Aktualität gewährleistet werden kann, empfiehlt sich eine zentrale Verwaltung und Pflege der Prozessbausteine und fallweise einheitliche Namenskonventionen. Diese Funktion könnte eine zentrale Prozessmanagementeinheit erfüllen und den dezentralen Prozessmanagern zur Verfügung stellen. Damit könnte auch sichergestellt werden, dass sich laufend die strategischen Anforderungen in den Inhalten der Prozessbausteine wiederfinden. Da auch mit einer stetig steigenden Anzahl der Prozessbausteine samt einem wachsenden Umfang im produktiven Einsatz zu rechnen ist, empfiehlt sich, das gesamte Portfolio der definierten Prozessbausteine einem regelmäßigen Reinigungsprozess zu unterziehen und auf deren

---

[144] Vgl. Günther, Armin (2008, S. 42).
[145] Grunwald, Stefan (2002, S. 75).
[146] Vgl. Bergsmann, Stefan (2012, S. 55).

gegenseitige Plausibilität und strategische Gültigkeit zu prüfen. Einen weiteren Beitrag zur Eindeutigkeit und Aktualität könnte auch die Einführung einer Ownership je Prozessbaustein liefern. Jede Änderung oder Erweiterung des Prozessbausteines durch die zentrale Prozessmanagementeinheit müsste vorab durch den Prozessbaustein-Owner freigegeben werden.

Die Einordnung der Prozessbausteine wäre in der letzten Detaillierungsstufe der Geschäftsprozessebene zu treffen. Deshalb, weil es mit der bereits angeführten homogenen Prozessaussage in enger Abhängigkeit steht. Da die Geschäftsprozessinformationen in dieser granularen Stufe noch keine Detailinformationen oder Spezifizierungen enthalten, können die allgemein gültigen, einzigartigen Prozessbausteine nur mit der Geschäftsprozessebene in Verbindung gebracht werden.

In dem verwendeten Beispiel werden Prozessbausteine dem Prozess „Machbarkeit prüfen" der letzten (vierten) Detaillierungsstufe in der Geschäftsprozessebene zugeordnet.

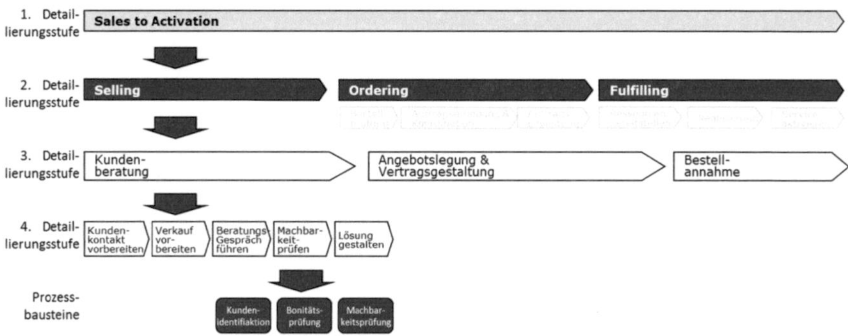

Abbildung 13: Beispiel der Einordnung von Prozessbausteinen
Quelle: eigene Darstellung

Ein Prozessbaustein enthält im gesamten Umfang beschriebene und standardisierte Prozessablaufabschnitte. In diesem sind die Unterfunktionen hierarchisch gegliedert. Damit die im gesamten Umfang beschriebenen Prozessinformationen einen einzigartigen Charakter aufweisen, somit nur einmal definiert sind, können Unterfunktionen auch Verweise zu anderen Prozessbausteinen besitzen.

Sollte man mit einem objektorientierten Modellierungswerkzeug arbeiten, so wird diese Möglichkeit auch als Ausprägungskopie bezeichnet. Das heißt konkret, dabei wird eine neue Objektausprägung angelegt und mit dem gleichen Symbol versehen, obwohl die

Objektdefinition nur einmal in der Datenbank gespeichert ist. Das Objekt wird lediglich mehrfach angezeigt. Jegliche Änderung im Objekt oder in der Objektausprägung würde sich prinzipiell auf alle abhängigen Verweise auswirken.

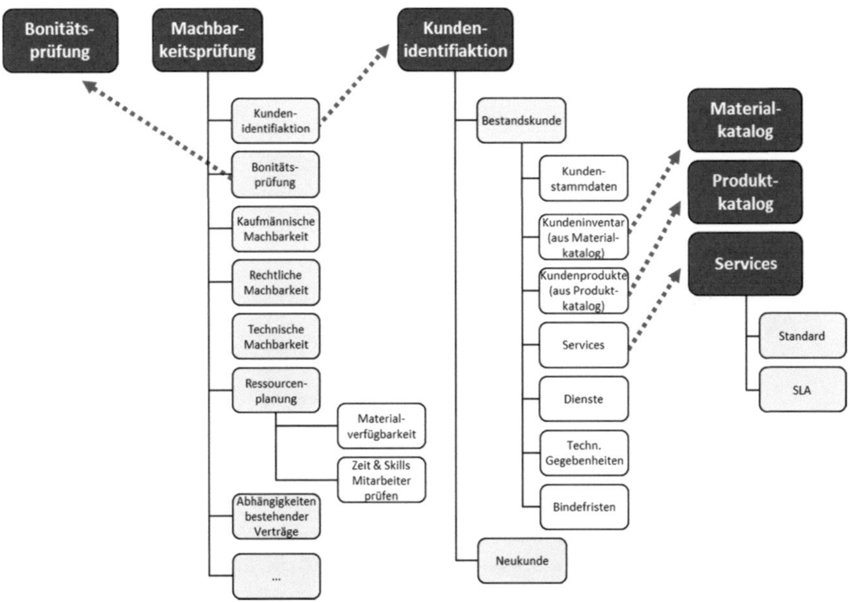

Abbildung 14: Beispiel von hierarchisch aufgebauten Prozessbausteinen
Quelle: eigene Darstellung

In diesem Beispiel ist ersichtlich, dass bei dem Prozessbaustein Machbarkeitsprüfung die Unterfunktion Bonitätsprüfung auf den einmaligen Prozessbaustein Bonitätsprüfung verweist bzw. eine Ausprägung des einmaligen Prozessbaustein Bonitätsprüfung besitzt. Aber auch, dass bei dem Prozessbaustein Kundenidentifikation, die Unterfunktion Kundenprodukte in der zweiten hierarchischen Stufe, einen Verweis oder mehrere Verweise auf Unterfunktionen (Positionen) des Prozessbausteines Produktkatalog (welcher ebenso verschiedene hierarchische Stufen aufweist) besitzt.

Das Prozessbausteinportfolio entspricht keinem Datenmodell, sondern enthält logische Zusammenhänge von einmalig definierten, standardisierten Prozessinformationen.

5.5 Standardisierungsebene

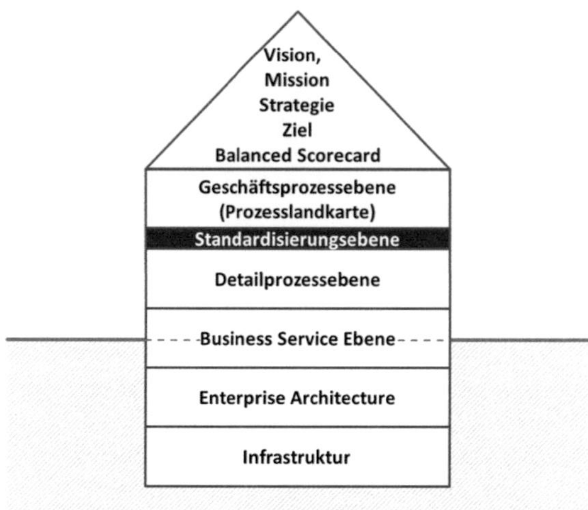

Abbildung 15: Grafische Orientierungshilfe im PrEMo
Quelle: eigene Darstellung

„There's never enough time to do it right,
but there's always enough time to do it over."
Jack Bergman

Gemäß der immer wiederkehrenden Etablierung unterschiedlicher Prozessabläufe eines Themenfeldes und der mangelnden Berücksichtigung aus den „Lessons Learned" vergangener Handlungen, können Maßnahmen zur Standardisierung entgegenwirken.

Die Standardisierungsebene ist das zentrale Steuerungs- und Kontrollinstrumentarium, um eine Prozessstandardisierung herbeizuführen bzw. zu fördern.

In der Standardisierungsebene können einerseits Musterprozesse vorgegeben werden, welche als standardisierte Prozessvorgaben zu interpretieren wären. Andererseits können bereits spezifische Sichtweisen wie Kundensegment- Produktgruppen- Market Channel Informationen oder anderen Sichtweisen mit einem Musterprozess in einen Zusammenhang gebracht werden. Diese Sichtweisen werden in weiterer Folge als Cluster bezeichnet.

Die Standardisierungsebene besitzt keinen Anspruch einer verbindlichen Anwendung. Diese Ebene kann übersprungen werden. Dies könnte der Fall sein, wenn die Komplexität am Beginn der Einführung eines Prozessmanagementsystems oder des Prozessebenenmodells zu groß, oder bei dem beschriebenen Geschäftsprozess kein Bedarf an vorzugebenden Musterprozessen vorhanden wäre. Ein weiterer Grund könnte ein geringerer Prozessumfang bedingt der Unternehmensgröße oder dem fehlenden Bedarf an Standardisierung bei den Managementprozessen sein. Gründe können verschieden vorherrschen. Entscheidend ist, dass durch den Entfall der Standardisierungsebene keine Inkonsistenz des gesamten Prozessebenenmodells hervorgerufen wird.

5.5.1 Musterprozesse

Ein Musterprozess stellt einen standardisierten Prozess dar, welcher einen generalisierten Prozessablauf beinhaltet. Dieser Musterprozess verkörpert die Grundlage/Referenz für die abzuleitenden Detailprozesse.

Ein Musterprozess wird auch als Synonym für einen Referenzprozess verwendet und dient grundsätzlich als Vorlage, Muster oder Beispiel.[147]

Grundsätzlich bietet sich eine Prozessmatrix an, den Zusammenhang zwischen den granularen Geschäftsprozessen und den standardisierbaren Musterprozessen herzustellen. Hierbei werden die Geschäftsprozesse der letzten Detaillierungsstufe aus der Geschäftsprozessebene mit den standardisierbaren Musterprozessen nach Cluster in Verbindung gebracht. In dem verwendeten Beispiel dieser Arbeit, stellen die Geschäftsprozesse der 4. Detaillierungsstufe aus der Geschäftsprozessebene die Bezugsbasis dar (siehe Abbildung 13).

Standardisierbare Musterprozesse deshalb, weil diese Ebene eine Chance bietet, Prozessinformationen mit ähnlichen Aussagen und Sichtweisen zu verdichten, mit dem übergeordneten Geschäftsprozess in Bezug zu bringen und letztendlich, diesen als Standard vorzugeben. Zusätzlich stellt die Standardisierungsebene einen flexiblen Bereich dar, indem im Bedarfsfall die Zuordnungscluster erweitert oder Musterprozesse laufend angepasst werden können.

---

[147] Vgl. Willan, Thorben (2007, S. 8).

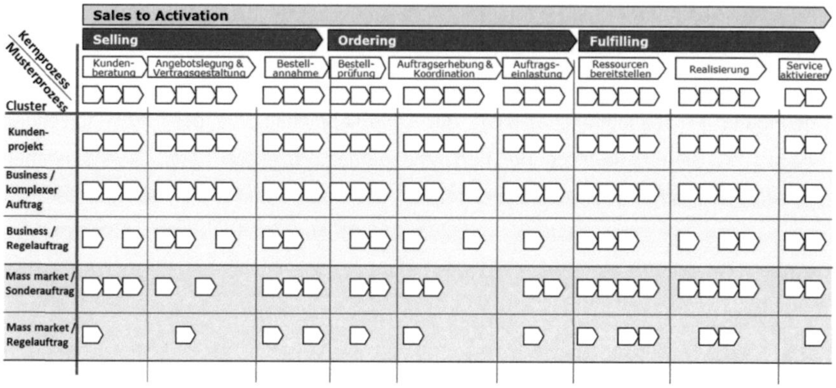

Abbildung 16: Beispiel einer Prozessmatrix für Musterprozesse
Quelle: eigene Darstellung

Anhand dieses Beispiels soll verdeutlicht werden, wie der Geschäftsprozess der 4. Detaillierungsstufe aus der Geschäftsprozessebene mit standardisierten Musterprozessen anhand von Cluster in Zusammenhang gebracht wird. Die Cluster entsprechen hierbei verschiedenen Auftragsabwicklungsarten. Man kann erkennen, welche referenzierte Musterprozesse, welche Funktionen aus dem granularen Geschäftsprozess verwendet werden und welche wiederum nicht.

Andere Möglichkeiten von Cluster könnten grobe Unterscheidungen nach z.B. Kundensegmenten, Industriezweigen, Branchen/Sparten/Sektoren, Vertriebsschienen, Produktgruppen, technologieorientierte Unterscheidungen, Unternehmensgeschäftsfelder usw. beinhalten.

Auch in der Standardisierungsebene ist die Anzahl der Detaillierungsstufen abhängig vom Umfang des jeweiligen Musterprozesses.

Normalerweise müssen alle abhängigen Stakeholder über die laufenden Änderungen der Prozesslandkarte, der granularen Geschäftsprozesse, der Prozessbausteine und der standardisierten Musterprozesse informiert und geschult werden.

„Bei Stakeholdern (Interessengruppen, Anspruchsgruppen, Beteiligte) handelt es um Personen und Gruppen, die ein Interesse am Ergebnis oder Verlauf von Geschäftsprozessen haben."[148]

---

[148] Wagner Karl W., Patzak Gerold (2007, S. 70).

Ein großer Mehrwert würde darin liegen, wenn die operative Prozessorganisation von Steuerungs- und Regelungsthemen aus der Process Governance entkoppelt wird. Diese Aufgaben kann idealerweise eine zentrale Prozessmanagementeinheit übernehmen und Prozessstandards den dezentralen Prozessmanager bzw. Prozessmanagementeinheiten vorgeben.

Das würde bedeuten, dass die Geschäftsprozessebene und die Standardisierungsebene (normativer Wirkungsbereich) zentral verwaltet werden. In weiterer Folge würden die dezentralen Prozessmanager bzw. Prozessmanagementeinheiten einfach die letztgültigen Musterprozesse als Standard vorgegeben bekommen (praktischerweise toolunterstützt). Darin sind sämtliche Änderungen enthalten. Dies vermindert den Schulungs- und Kommunikationsaufwand und trägt zur Steigerung der Flexibilität und Dynamik bei.

5.5.2 Referenzprozessmodell

Referenzmodelle enthalten Prozessmodelle, die mit dem Anspruch auf Allgemeingültigkeit für bestimmte betriebliche Prozesse erstellt wurden. Sie lassen sich als Ersatz für eine Erhebung oder als Vorgabe verwenden, deren Strukturen den unternehmensspezifischen Besonderheiten angepasst werden.[149]

Referenzmodelle werden einerseits branchen- oder prozesstypenorientiert verwendet, um Modellstrukturen vorgeben zu können, die ein Grundgerüst für eine Prozesslandschaft vorgeben. Andererseits liefern Referenzmodelle bewährte Musterlösungen (im Sinne einer Best-Practice Sammlung) zur Prozessgestaltung.[150]

Ziel eines Referenzprozessmodelles ist, als steuernde Vorlage im Sinne eines Musters, eben einer Referenz, zu dienen. Dabei ist ein Referenzprozessmodell im Gegensatz zu einem Ist- oder Soll-Modell zeitlos und unterliegt nur einer geringen Änderungsdynamik.[151]

Ist- und Soll-Modelle werden von Hinzen nachstehend erklärt. Der IST-Zustand spiegelt einen Ausschnitt des tatsächlichen Zustandes wieder und ist somit ein Abbild der Wirklichkeit. Die Ist-Modellierung entspricht einer Darstellung der Realität. Aus einem Ist-Zustand wird ein als wünschenswert angesehener Soll-Zustand abgeleitet

---

[149] Vgl. Volck, Stefan (1997, S. 110).
[150] Vgl. Jochem Roland, Mertins Kai, Knothe Thomas (2010, S. 207, 447).
[151] Vgl. Karer, Albert (2007, S. 28).

und als Idealvorstellung sichtbar gemacht. Beide Arten von Modellen können nebeneinander existieren.[152]

Der Vollständigkeit halber soll noch ausgedrückt werden, dass bei einem Business Process Reengineering (BPR) Ansatz keine Ableitung des Soll-Modells aus einem Ist-Zustand stattfindet. Hierbei möchte man sich, ohne Rücksicht auf den Ist-Zustand, nur mit dem idealen Soll-Zustand beschäftigen. Dabei steht ein fundamentales Umdenken und radikales Neugestalten von Geschäftsprozessen im Vordergrund.

Die Wurzeln dieses Handelns stammen von Hammer und Champy.[153]

Zurückzukommen zum aktuellen Thema, dem Referenzprozessmodell, wäre noch hinzuzufügen, dass Referenzprozessmodelle in der Regel Soll-Aussagen bezüglich eines eingegrenzten Sachverhalts enthalten.[154]

Brocke versteht unter Referenzmodell folgendes: „Ein Referenzmodell ist ein Informationsmodell, das Menschen zur Unterstützung der Konstruktion von Anwendungsmodellen entwickeln oder nutzen, wobei die Beziehung zwischen Referenz- und Anwendungsmodell dadurch gekennzeichnet ist, dass Gegenstand oder Inhalt des Referenzmodells bei der Konstruktion des Gegenstands oder Inhalt des Anwendungsmodells wieder verwendet werden."[155]

Schmelzer und Sesselmann meinen, dass Referenzmodelle oder Referenzprozessmodelle Standards entsprechen, welche auf Best bzw. Good Practice basieren und wovon man von den Erfahrungen anderer profitiert. Diese können auch als Standardprozessmodelle bezeichnet werden.[156]

Ferner können Standardreferenzmodelle auch als Checklisten dienen. Damit wird die Möglichkeit auf Vollständigkeit zu prüfen ermöglicht, da sie als zusammengefasste Lösungsschemata betrachtet werden können.

Scheer, Jost und Wagner merken auch an, dass bei der Verwendung von Referenzprozessmodellen die Implementierungskosten reduziert werden können, da das Design der Geschäftsprozesse vorgefertigt ist und die Implementierungsaktivitäten beschleunigt werden (schnelle Adaption an neue Prozesse).[157]

---

[152] Vgl. Hinzen, Melanie (2001, S. 13).
[153] Vgl. Hammer Michael, Champy James (1993, S. 13ff).
[154] Vgl. Becker Jörg, Delfmann Patrick (2004, S. 1).
[155] Brocke, Jan Vom (2003, S. 34).
[156] Vgl. Schmelzer Hermann J., Sesselmann Wolfgang (2010, S. 202).
[157] Vgl. Scheer Wilhelm, Jost Wolfram, Wagner Karl (2005, S. 95).

Im Folgenden wird eine Übersicht über die etablierten Standardprozessmodelle ermöglicht.

Titel	Standardprozessmodelle
BAM	Business Activity Model
MIT	MIT Process Handbook
ACORD	Branchenmodell für Versicherungen
PCF	Process Classification Framework des American Productivity & Quality Center (APQC) für unterschiedliche Industriebranchen
VRM	Value Reference Model der Value Chain Group (VCG) für die Industrie
REFA	Referenzmodelle für die Industriebranchen
eTOM	enhanced Telecom Operations Map für Telekommunikationsunternehmen und IT Dienstleistungen des Tele-management Forum (TMF)
H-Modell	Handels-H-Modell für Handelsunternehmen
SCOR	Supply Chain Operations Reference für Supply Chains des Supply Chain Councils (SCC)
ISO 12207	Referenzmodell für die Softwareentwicklung
ITIL	Infrastructure Library für den IT-Betrieb und IT Servicemanagementprozess des britischen Office of Government Commerce (OGC)
COBIT	Control Objectives for Information and related Technology für IT Governance des IT Governance Institute für IT Governanceprozesse
Innovationsmgmt.	Referenzmodell für das Innovationsmanagement
SAP	SAP Solution Maps (IT Referenzmodelle) für unterschiedliche Branchen und Unternehmenstypen zusammen mit E-Commerce- bzw. C-Commerce Lösungen (Business Maps)
Controlling Prozessmodell	Controlling Prozessmodell von der International Group of Controlling entwickelt
SOA-RM	SOA Referenzmodell von OASIS
DOMEA	Dokumentenmanagement und elektronische Archivierung im IT-gestützten Geschäftsgang

Tabelle 16: Übersicht von Standardprozessmodellen
Quelle: eigene Darstellung in Anlehnung an Schmelzer und Sesselmann, Bergsmann, European Association of Business Process Management, Kuhlang und Josuttis [158]

Eine weitere ausführliche Übersicht über existierende Referenzmodelle stellt das Institut für Wirtschaftsinformatik (IWi) in Saarbrücken mittels eines Referenzmodellkatalogs zur Verfügung (*http://rmk.iwi.uni-sb.de/catalog_show.php*). Die Erhebung und Erstellung erfolgte in Form eines Projektes, in Zusammenarbeit mit der Deutschen Forschungsgemeinschaft (DFG, German Research Foundation), welches im August 2006 abgeschlossen wurde. Sicherlich wäre es von Vorteil, wenn der Referenzmodellkatalog auf seine Aktualität geprüft und überarbeitet werden würde.

Referenzprozessmodelle sind im Normalfall nicht 1:1 einsetzbar. Da diese abstrakt konstruierte Modellvorgaben darstellen, sind diese Grundinformationen je nach den

---

[158] Vgl. Schmelzer Hermann J., Sesselmann Wolfgang (2010, S. 202ff). Vgl. Bergsmann, Stefan (2012, S. 53f). Vgl. European Association of Business Process Management, (2009, S. 226ff). Vgl. Josuttis, Nicolai (2009, S. 24). Vgl. Kuhlang, Peter (2010, S. 56).

konkreten Rahmenbedingungen unternehmensindividuell anzupassen bzw. abzuleiten.[159]

Es stellt sich auch die Frage, was ein gutes Referenzprozessmodell eigentlich ausmacht. Ein gutes Referenzmodell unterstützt beim Aufbau des Prozessverständnisses, fördert die Transparenz von zu betrachtenden oder überflüssigen Prozessaktivitäten, spart Zeit und steigert die Effizienz bei der Anwendung. Es liefert grundsätzlich die Möglichkeit, einen systematischen Abgleich der Prozessaktivitäten des Referenzprozessmodells und den dokumentierten Prozessen durchzuführen. Zudem bieten branchenorientierte Referenzprozessmodelle vorgefertigte Lösungsschemata und geben gleichzeitig eine Grundlage für die Vergleichbarkeit von Prozessen unterschiedlicher Unternehmen.[160] Weitere Aspekte eines guten Referenzmodelles beinhalten eine gut verständlich formulierte Ausführung für alle Interessensgruppen, der sinnvolle Abstraktionslevel der einzelnen Modellbestandteile und die Annahme einer grundlegenden Akzeptanz der potenziellen Anwender.[161]

Grafisch würde man beispielhaft eine Integration von abgeleiteten Referenzmodellprozessen in das Portfolio der Musterprozesse der Standardisierungsebene folgend darstellen können.

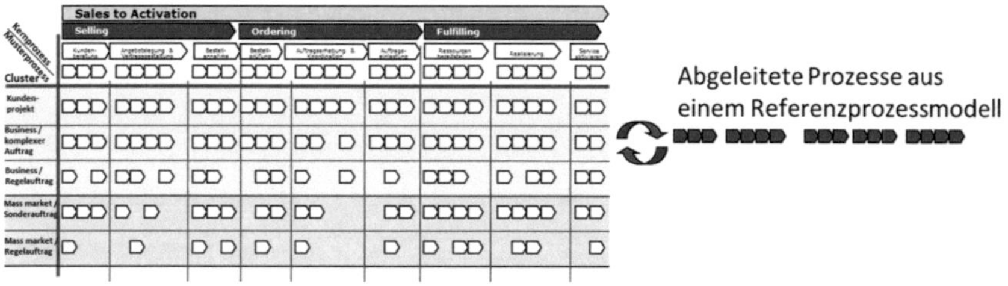

Abbildung 17: Beispiel einer Integration von abgeleiteten Referenzmodellprozessen
Quelle: eigene Darstellung

Prozesse aus einem Referenzmodell werden im Vorfeld abgeleitet. Ab einem definierten Zeitpunkt können die Musterprozesse durch die aus dem Referenzprozessmodell abgeleiteten Prozesse ersetzt oder die bestehenden Musterprozesse inhaltlich den abgeleiteten Prozessen aus dem Referenzprozessmodell angepasst werden.

---

[159] Vgl. Binner, Hartmut F. (2010, S. 101).
[160] Vgl. Knuppertz, Thilo (2009, S. 126f).
[161] Vgl. Arndt, Dirk (2008, S. 318).

5.5.3 Next Generation Prozesse

Next Generation Prozesse beinhalten zukunftsorientierte Ansätze. Diese können Innovationspotenziale freisetzen, die das Überleben der Unternehmen auch in der nächsten Generation ermöglichen.[162]

Diese können aber auch innovative oder strategische Prozessvorgaben beinhalten.

Ein Beispiel hierfür wäre, wenn die strategische Stoßrichtung eines Dienstleistungsunternehmens jene wäre, dass der Kunde bei einer Bestellungen in jedem Fall ein Produkt erhält, auch wenn es sich um ein vorübergehendes Ersatzprodukt handeln würde. Das würde dann zum Tragen kommen, wenn das eigentlich bestellte Produkt oder die Dienstleistung nicht sofort geliefert oder hergestellt werden kann.

Next Generation Prozesse werden ebenso im Vorfeld definiert. Ab einem definierten Zeitpunkt können die Musterprozesse durch Next Generation Prozesse ersetzt oder die bestehenden Musterprozesse inhaltlich den Next Generation Prozessvorgaben angepasst werden (siehe Abbildung 18).

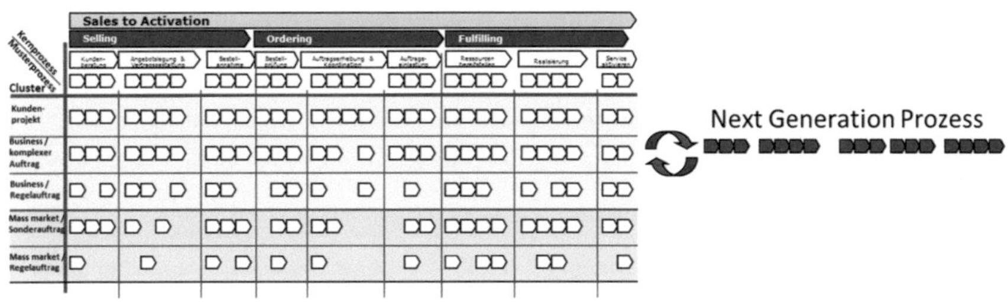

Abbildung 18: Beispiel einer Integration eines Next Generation Prozesses
Quelle: eigene Darstellung

Sowohl die Handhabung der Referenzmodellprozesse als auch der Next Generation Prozesse lässt sich am wirkungsvollsten durch eine zentrale Prozessmanagementeinheit umsetzen. Damit wird nicht nur die Standarisierung unterstrichen, sondern auch dessen Steuerung.

5.6 Detailprozessebene

---

[162] Vgl. Scheer Wilhelm, Jost Wolfram, Wagner Karl (2005, S. 1).

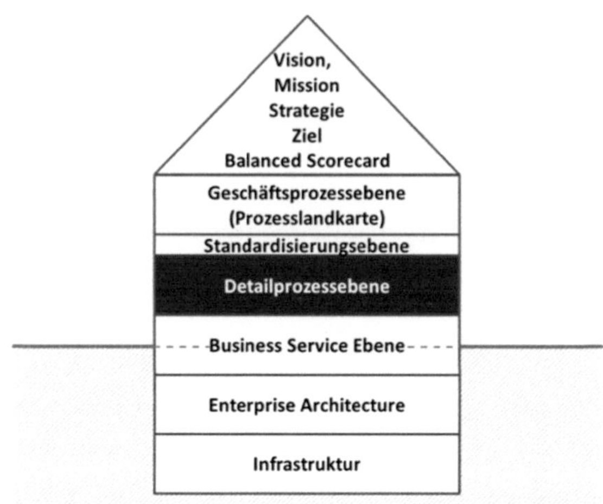

Abbildung 19: Grafische Orientierungshilfe im PrEMo
Quelle: eigene Darstellung

Mittels der Detailprozessebene wird eine Differenzierung zwischen der normativen bzw. generalistischen Prozessinformation zu einer spezifischen Detailprozessinformation (operatives Handlungsfeld) arrangiert.

Prinzipiell werden in der Detailprozessebene zu einem generalistischen Prozess (granularer Geschäftsprozess aus der Geschäftsprozessebene oder Musterprozess aus der Standardisierungsebene), die abweichenden Teilprozessschritte beschrieben.

Entweder wird klassisch vorgegangen, indem der generalistische Prozess in seinem Ablauf näher beschrieben wird. Oder die verschiedenen Sichtweisen eines Prozesses, welche Unterscheidungen im Detail aufweisen, gilt es zu verdeutlichen und in Folge dessen, näher zu beschreiben. Eine Prozessmatrix hilft hierbei wiederum bei der Zuordnung der verschiedenen Sichtweisen, um auch in dieser Ebene den Top-down Ansatz weiter verfolgen zu können.

Sollte man mit einem objektorientierten Modellierungswerkzeug arbeiten, so kann für eine Prozessmatrix das Modell Prozessauswahlmatrix verwendet werden.[163]

Die Basis für die Zuordnung bilden in jedem Fall die generalistischen Prozesse. Wurde die Standardisierungsebene übersprungen, bilden die granularen Geschäftsprozesse der Geschäftsprozessebene aus der letzten Detaillierungsstufe, die Grundlage.

---

[163] Vgl. Abecker Andreas, Hinkelmann Knut, Maus Heiko, Müller Heinz Jürgen (2002, S. 105f).

Wurden aber Musterprozesse in der Standardisierungsebene definiert, so stellen diese die Grundlage dar.

Die verschiedenen Sichtweisen eines Prozesses, welche Unterscheidungen im Detail aufweisen, können

- Prozessvarianten,
- Prozesskategorien,
- oder Prozesszustände

betreffen.

Diese Unterscheidungen differenzieren hauptsächlich den Inhalt der Detailprozesse.

5.6.1 Prozessvarianten

Erstens gibt es Prozesse, die ähnliche Handlungsschritte beinhalten, wobei der darauf bezogene Handlungsgegenstand derselbe bleibt. Dies wäre als Prozessvariante zu kategorisieren.

Bergsmann legt folgend fest: „Überall, wo ein und dieselbe Leistung durch eine etwas anders geartete Ablauffolge erbracht wird, die Leistung als Ergebnis des Geschäftsprozesses zum Adressieren des auslösenden Bedarfs jedoch dieselbe ist, liegt eine Prozessvariante vor."[164]

Ein Beispiel hierzu wäre, wenn zu ein und demselben Produkt unterschiedliche Geschäftsfälle zu beschreiben sind. So wäre bei einem Produkt A der Geschäftsfall: Bestellung, Storno, Kündigung, Störung, Auskunft, Beschwerde, Verrechnung usw. darzustellen. Dieser Sichtweise würde man dann ein größeres Augenmerk schenken, wenn in der Prozesslandkarte keine Selektion nach den Geschäftsfällen getroffen wurde. Andere Beispiele unterschiedlicher Handlungen bezogen auf gleichem Handlungsgegenstand wären, wenn Unterscheidungen nach Standorten, Abteilungen, Know-how/Skills, Mengen, Service Level Agreements (SLA), Auftragseingangsschienen (Fax, Mail, Webportal, Vertrieb, Formular, Shop, Drittanbieter etc.), Kampagnenarten, Kundengruppen usw. zu beschreiben wären.

In der Unternehmenspraxis ist es kaum möglich, einen detailliert beschriebenen Standardprozess überall für jeden Geschäftsfall völlig identisch umzusetzen. Daher ist

---

[164] Bergsmann, Stefan (2012, S. 91).

es sinnvoll, Prozessvarianten zu definieren, die je nach Geschäftsfall oder Besonderheit zur Anwendung kommen. Die Bildung von Prozessvarianten trägt dabei zur Reduzierung von Komplexität, Änderungsaufwand und Kosten bei. Des Weiteren kann durch diese Vorgehensweise die Durchlaufzeit in Bezug auf die Modellierung deutlich verringert werden. Eine Variantenbildung bietet sich an, wenn z.B. Geschäftsfälle aufgrund ihres variierenden Volumens bzw. ihrer schwankenden Komplexität nicht sinnvoll mit einem Standardprozess ausgesagt werden kann.[165]

5.6.2 Prozesskategorien

Zweitens gibt es Prozesse, die von der Kernaussage gleiche Handlungsschritte aufweisen würden, aber der Handlungsgegenstand aufgrund seiner unterschiedlichen Beschaffenheit, im Detail unterschiedliche Handlungen erfordert. Als Beispiel könnte ein Herstellungs- oder Wartungsprozess von Produkten genannt werden. Hier weisen die einzelnen Arbeitsschritte je nach Produkt, Produkttyp, Produktklasse klare Differenzen auf. Ähnlich bei dem Product Lifecycle Process. Vom Prinzip her würde dieser gleiche Handlungen hervorrufen. In Abhängigkeit des Produktes muss dennoch unterschiedlich vorgegangen werden. Weitere Beispiele unterschiedlicher Beschaffenheit oder Art des Handlungsgegenstandes bei prinzipieller gleicher Handlung wären, wenn Unterscheidungen nach Sorte, Technik, Material, Dienstleistung, Maschine usw. zu beschreiben wäre.

5.6.3 Prozesszustände

Drittens gibt es Prozesse, welche verschiedene zeitbezogene oder zeitabhängige Zustände beinhalten. Als Beispiel wären Unterscheidungen nach verschiedenen Soll-Prozesszuständen zu erwähnen. Dieses kommt oft in der Planungsphase von Optimierungsprojekten zum Tragen, indem nach Abschluss der Planung mehrere Soll-Zustände als Entscheidungsgrundlage für die Umsetzung erarbeitet werden müssen. Eine Versionierung von Prozessmodellen ergäbe ein weiteres Beispiel.

Zusammenfassend sollen all diese Sichtweisen helfen, die Prozesskomplexitäten und -vielfalten zu strukturieren. Abschließend kann dies beispielhaft noch anhand einer Produktaussage verdeutlicht werden. Wie geht man in welcher Situation mit einem Produkt

---

[165] Vgl. Ahlrichs Frank, Knuppertz Thilo (2010, S. 63f).

um (Prozessvariante), wie stellt man die verschiedenen Produkte her (Prozesskategorie) und wie wird das geplante Produkt, ab wann produziert (Prozesszustand).

5.6.4 Beispiel einer strukturierten Detaillierung

Die Zeilen der Prozessmatrix werden durch diese Sichtweisen (Prozessvarianten, Prozesskategorien oder Prozesszustände) gebildet, wobei in den betroffenen Spalten die jeweils zugehörigen Prozesse gebildet werden. Über die Auswahl gelangt man zu dessen Detailprozessen.

Abbildung 20: Beispiel einer Prozessmatrix für Detailprozesse
Quelle: eigene Darstellung

In dem verwendeten Beispiel erkennt der Betrachter die Möglichkeit eines alternativen Bezugspunkts für die Zuordnung. Würden keine Musterprozesse in der Standardisierungsebene definiert worden sein, so würde für die Zuordnung der granulare Geschäftsprozess der 4. Detaillierungsstufe aus der Geschäftsprozessebene „Sales to Activation" als Bezugspunkt herangezogen werden. Da aber eine Standardisierungsebene verwendet wurde, so stellt der Musterprozess „Sales to Activation - Mass market / Regelauftrag" den Bezugspunkt dar. Zusätzlich wird in diesem Beispiel die Zeile durch die Sichtweise „Prozesskategorie" nach Produkten gebildet. Auch hierbei kann erkannt werden, dass nicht jedes Produkt alle Prozessschritte aus dem vorgegebenen Musterprozess benötigt. Ergänzend können die einzelnen Prozessschritte produktspezifische Informationen beinhalten, welche von den jeweiligen Prozessschritten des Musterprozesses abweichen, jedoch die Grundaussage des standardisierten Musterprozesses nicht beeinflussen.

5.6.5 Detaillierungstiefe in der Detailprozessebene

Ein Prozess kann so lange in detailliertere Abläufe von Aufgaben zerlegt werden, bis eine weitere Teilung nicht mehr sinnvoll ist. Dazu werden die Detailprozesse mit entsprechenden Informationen zu Schnittstellen, Verantwortlichkeiten, Input- Outputdaten (Dokument, Datentypen, Informationsobjekte usw.), verwendete IT-Systeme, beteiligte Organisationseinheiten und Kennzahlen versehen.[166]

Es soll darauf geachtet werden, dass nicht zu viele Details und Sonderfälle beschrieben werden, da der Wartungsaufwand potentiell steigt und eine schnellere Anpassung, sowie Umsetzung dem entgegensteht.

Die Detailprozesse in der letzten Detaillierungsstufe müssen nicht visualisiert werden. Diese können auch textuell beschrieben werden. Oftmals wird zu diesem Zweck eine Stellen- oder Arbeitsplatzbeschreibung verwendet.

Schmelzer und Sesselmann halten hierzu fest, dass jeder Geschäftsprozess in Teilprozesse, Prozess- und Arbeitsschritte zu unterteilen ist.[167] Ähnlich weist Allweyer hin, dass Detailprozesse auch wieder Detailprozesse enthalten können, so dass sich beliebig tiefe hierarchische Prozessmodelle aufbauen lassen.[168]

Der allgemeine Grundsatz für die organisatorische Handhabung aller Maßnahmen zur Unterscheidung in der Detailprozessebene, zu dem Umfang der zu beschreibenden Prozesse und zu der Detaillierung der Prozesse, würde nach Ahlrichs und Knuppertz lauten: *„So standardisiert wie möglich, so individuell wie nötig.“*[169]

Das bedeutet, dass es in der Unternehmenspraxis kaum möglich ist, einen detailliert beschriebenen Standardprozess überall für jeden Geschäftsfall völlig identisch umzusetzen. Daher ist es sinnvoll, Unterscheidungen (nach Prozessvarianten, -kategorien oder -zuständen) zu definieren, die je nach Geschäftsfall oder Besonderheit zur Anwendung kommen. Dieses trägt wesentlich zur Reduzierung von Komplexität, Änderungsaufwand, Durchlaufzeiten und Kosten bei.[170]

5.7 Business Service Ebene

---

[166] Vgl. Ministerium für Umwelt und Verkehr Baden-Württemberg (2000, S. 18).
[167] Vgl. Schmelzer Hermann J., Sesselmann Wolfgang (2010, S. 132).
[168] Vgl. Allweyer, Thomas (2009, S. 90).
[169] Ahlrichs Frank, Knuppertz Thilo (2010, S. 63).
[170] Vgl. Ahlrichs Frank, Knuppertz Thilo (2010, S. 63f).

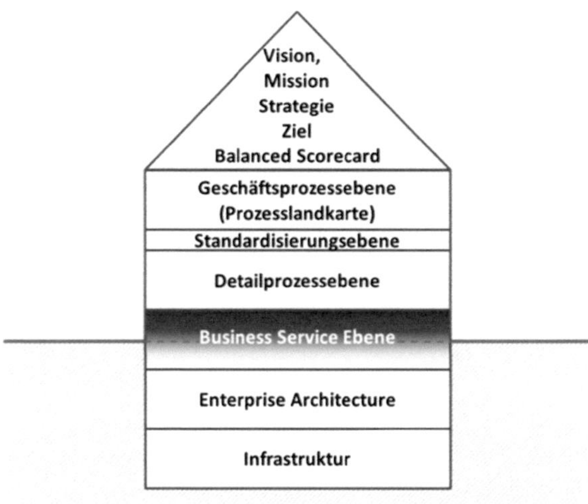

Abbildung 21: Grafische Orientierungshilfe im PrEMo
Quelle: eigene Darstellung

„Die Informationstechnologie (IT) ist eine der stärksten Hebel zur Steigerung der Effizienz in Geschäftsprozessen. Die Anforderungen an die IT definieren die Geschäftsprozesse. (…) Die IT ist kein Selbstzweck, sondern hat sich in den Dienst des Geschäftsprozessmanagements zu stellen."[171]

Dies ist von Schmelzer und Sesselmann zwar ein sehr stark formulierter Satz, trifft aber den Nagel auf den Kopf, wenn man die üblichen Probleme und Schwachstellen der Informationstechnologien oft in der Rolle als internen Dienstleiter betrachtet.

Deshalb auch, da oft die Planung, Steuerung und Kontrolle der Informationstechnologien sich nur bedingt an die Geschäftsprozesse im Unternehmen und an der Wertschöpfung, die von diesen Prozessen ausgehen, orientieren.[172]

Im Rahmen der Geschäftsprozessmodellierung wird vor allem die betriebswirtschaftliche Sichtweise in den Mittelpunkt gestellt. Dies bedeutet, dass ein optimiertes Geschäftsprozessverhalten im Sinne von Effizienz- und Qualitätssteigerung erreicht werden soll. Bei den technologiegestützten Maßnahmen ist von wesentlicher Bedeutung, die operativen Aspekte in den Vordergrund zu stellen.[173]

---

[171] Schmelzer Hermann J., Sesselmann Wolfgang (2010, S. 11).
[172] Vgl. Baschin, Anja (2001, S. 46).
[173] Vgl. Liebl Herbert, Strnadl Christoph F. (2011, S. 43).

Bei der Darstellung der Wertschöpfungskette der IT, wird diese zumeist durch drei Ebenen unterschieden. Die Ebene der Geschäftsarchitektur (einschließlich der Geschäftsprozesse), der Applikationen (Architektur) und der IT Infrastruktur. Um den Wirkungszusammenhang zwischen den einzelnen Ebenen besser gestalten zu können, hat dies in der Vergangenheit, wie im nachstehenden Schaubild dargelegt, zunehmend zur Einführung von „Services" geführt.[174]

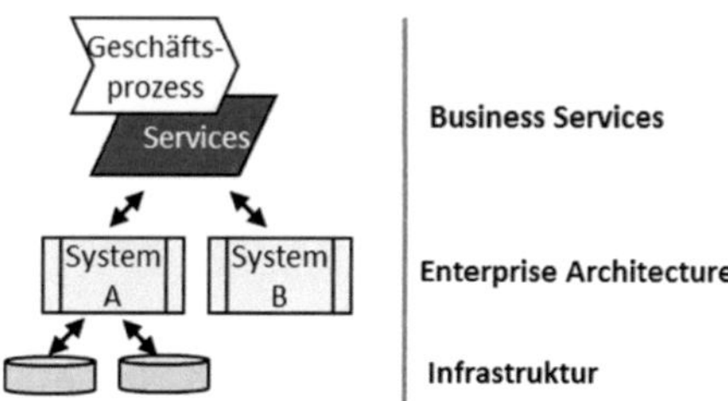

Abbildung 22: Symbolhafte Darstellung der Ebenen einer IT Wertschöpfungskette
Quelle: eigene Darstellung

In der Business Service Ebene geht das Prozessebenenmodell nur auf das geschäftsprozessrelevante Sachgebiet bzw. auf die vorab erwähnte Geschäftsarchitektur ein.

Grundsätzlich gibt es verschiedene Möglichkeiten, Geschäftsprozesse mit technologiegestützten Maßnahmen in Verbindung zu bringen:

1. Es gibt den reinen Zweck der integrierten Information, indem die Geschäftsprozesse mit den IT-Informationen standardisiert dokumentiert werden (Kapitel 5.7.3).
2. Es gibt die Möglichkeit einer standardisierten Dokumentation zur Prozessautomatisierung (Kapitel 5.7.2).
3. Es gibt die Möglichkeit, die Servicenutzung von IT-Systemen methodisch in den Vordergrund zu stellen und mit den Prozessen in Verbindung zu bringen bzw. zu dokumentieren. Bei dieser Möglichkeit wird die physische IT-Architektur durch eine logische Betrachtungsweise mittels Business Services entkoppelt (Kapitel 5.7.1).

In dem Prozessebenenmodell (PrEMo) wird die Anwendung der dritten methodischen Auffassung empfohlen, da dadurch der prozessorientierte Ansatz am besten und durchgängigsten verfolgt werden kann.

---

[174] Vgl. Liebl Herbert, Strnadl Christoph F. (2011, S. 60). Vgl. Scheer Wilhelm, Jost Wolfram, Wagner Karl (2005, S. 198).

Das Fraunhofer Institut unterstreicht dieses Verständnis, indem festgehalten wird, dass aus Sicht der IT, die Prozesse aus einer Folge von Aufrufen zwischen den IT-Systemen zur Servicenutzung bestehen. Dabei kann die Service-orientierte Architektur (SOA) als technologieneutrales Konzept gesehen werden. Für die Umsetzung benötigt man konkrete Technologien, z.B. um aus den betroffenen Systemen Services zur Verfügung stellen zu können, um diese Services aufzurufen und um sie zu orchestrieren. [175]

Wesentlich ist, dass in der Business Service Ebene oder im Bestreben, Geschäftsprozesse mit technologiegestützten Maßnahmen in Verbindung zu bringen, der methodische Sprung von einer Ablauforientierung zu einer Objektorientierung stattfinden kann.

Unter Objektorientierung werden reale Objekte abgebildet, deren Zusammenspiel kooperierender Objekte ein System beschreiben und in den Mittelpunkt der Betrachtung gestellt.[176]

„Ein wesentliches Merkmal der Objektorientierung ist die Kapselung von Daten und Funktionen in Objekten." [177]

5.7.1 Business Service, Service-orientierte Architektur (SOA)

SOA ist ein Ansatz, der dafür sorgt, dass Systeme skalierbar und flexibel bleiben, während sie wachsen und sich verändern. Die wichtigsten Zutaten von SOA sind Prozesse (Business Services), Architektur und Infrastruktur. SOA ist ein Paradigma (Denkmuster) für die Realisierung und Pflege von Geschäftsprozessen, die sich über große verteilte Systeme erstrecken. Dabei spielt ein Service eine große Rolle. Im Grunde geht es auch hier darum, dass man IT Lösungen benötigt, die Daten speichern und verwalten und die dazugehörigen Prozesse (Geschäftsprozesse) automatisieren, die diese Daten nutzen. Um qualitative Lösungen rechtzeitig zu liefern, sind Flexibilität, eine klare definierte Organisation, klare Rollen und klare Prozesse erforderlich. Aus diesem Grund hat SOA auch mit all diesen nichttechnischen Aspekten zu tun. Bei der Geschäftsprozessmodellierung geht es darum, Geschäftsprozesse in kleinere Aktivitäten zu verfeinern, die in SOA-Fall als Business Service implementiert werden. Somit kommt die Hauptmotivation für Business Services aus den Geschäftsprozessen, welche typischerweise Teil eines oder mehrerer verteilter Geschäftsprozesse sind.

---

[175] Vgl. Fraunhofer Institut für Arbeitswirtschaft und Organisation IAO, (Spath Dieter, Weisbecker Anette, Drawehn Jens) (2010, S. 13).
[176] Vgl. Volck, Stefan (1997, S. 73).
[177] Volck, Stefan (1997, S. 73, zit. nach Vgl. Coad Peter, Yourdan Edward, 1990, S. 30ff).

Verkürzt kann auch festgehalten werden, dass Services ein Teil von Geschäftsprozessen sind. Ein Beispiel für einen Prozess-Service ist ein Service für einen Warenkorb.[178]

Das Fraunhofer Institut kommt zum Schluss, dass „Anwendungen ihre Funktionen in Form von Diensten (Services) anbieten, die über einen einheitlichen Mechanismus aufgerufen werden können, ihre Implementierungsdetails verbergen und so lose Kopplung von Anwendungen ermöglichen." [179]

Zudem sorgt die Kombination von Prozessmanagement (PzM) und der SOA für eine Konsistenz ohne starre Codebeziehungen. Im Zuge der Prozessgestaltung und -entwicklung kommt der Vorteil zum Tragen, dass sofort gemerkt wird, welche Services aus der SOA-Plattform bereitgestellt werden müssen, damit die Prozesse automatisiert eine Unterstützung finden.[180]

Laut Josuttis ist ein Service folgend definiert: „Ein Service ist ein Stück in sich geschlossene fachliche Funktionalität. Diese Funktionalität kann einfach (Kundendaten lesen oder schreiben) oder komplexer (ein Geschäftsprozess für eine Bestellung anhand eines Warenkorbes) sein. Da sich Services auf den geschäftlichen Nutzen einer Schnittstelle konzentrieren, helfen sie die übliche Kluft zwischen IT und Fachlichkeit zu überbrücken."[181]

Ergänzend ist als Service, die IT Umsetzung einer für sich selbst stehenden fachlichen Funktionalität aufzufassen. Technisch besteht ein Service aus einer oder mehreren Operationen, um Daten auszutauschen. Ein Service aus technischer Sicht wird durch eine Schnittstelle definiert und umgesetzt.[182]

Allgemein können Unterscheidungen von Business Services nach Verwendungsarten (Cluster) durchgeführt werden,[183] wie es auch in der Standardisierungsebene vorgeschlagen wird. Wie im Anschluss dargestellt, können als Beispiel Cluster nach speziellen Kunden Services, generellen IT-Support Services, Workflow orientierte Services (was ein Workflow ist, wird in Kapitel 5.7.2 beschrieben) oder Web Services angeführt werden. Jedes dieser Cluster kann flexibel mit einem oder mehreren Applikationen, Daten und Hardware-Informationen in Verbindung gebracht werden.

---

[178] Vgl. Josuttis, Nicolai (2009, S. 2, 10, 16f, 25, 30, 92, 103, 105).
[179] Fraunhofer Institut für Arbeitswirtschaft und Organisation IAO, (Spath Dieter, Weisbecker Anette, Drawehn Jens) (2010, S. 13).
[180] Vgl. Matsumura Miko, Brauel Björn, Shah Jignesh (2009, S. 70).
[181] Josuttis, Nicolai (2009, S. 10, 364).
[182] Vgl. Josuttis, Nicolai (2009, S. 364).
[183] Vgl. Josuttis, Nicolai (2009, S. 66, 82ff).

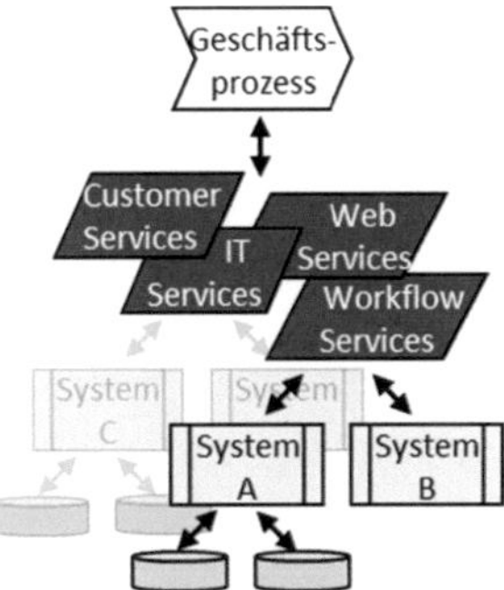

Abbildung 23: Symbolhafte Darstellung von Business Services Cluster
Quelle: eigene Darstellung

Bei der Dokumentation von Services empfiehlt sich, dieselbe Vorgehensweise wie bei der Erfassung der Prozessbausteine anzuwenden.

Im Prozessebenenmodell können in der Business Service Ebene nun idealerweise die granularen Prozessbausteine aus der Geschäftsprozessebene mit den definierten Services in Verbindung gebracht werden. Sollte man mit einem objektorientierten Modellierungswerkzeug arbeiten, würde man von einer Hinterlegung sprechen.

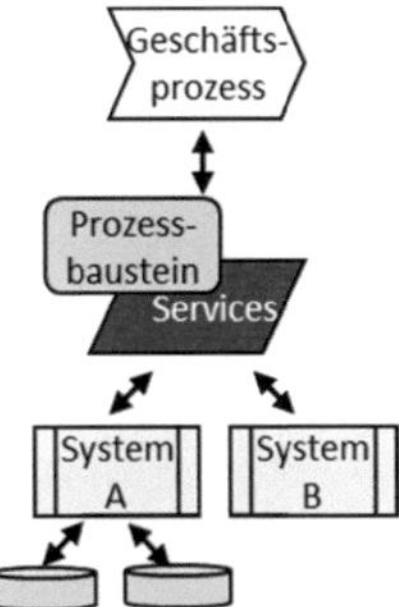

Abbildung 24: Symbolhafte Darstellung der Zuordnung von Prozessbausteinen zu Services
Quelle: eigene Darstellung

Die richtige Zuordnung gilt dann als gelungen, wenn ein im vollen Umfang definierter Prozessbaustein 1:1 durch ein im vollen Umfang definiertes Service unterstützt wird. Das setzt voraus, dass sowohl die Definition der Prozessbausteine, als auch die Definition der Services eine gleichbedeutende Logik der Detaillierung und Grundaussage besitzen muss. Dies kann gewährleistet werden, indem in der Erstellungsphase die Definition in enger Abstimmung mit z.B. der zentralen Prozessmanagementeinheit, welche die Prozessbausteine zentral verwaltet und der IT, welche die Services verantwortet, durchführt wird. Eine ungleich genaue Zuordnungssituation, wie es in der folgenden Abbildung gezeigt wird, sollte tunlichst vermieden werden. Herrscht diese Situation dennoch vor, bedingt durch z.B. unterschiedliche zeitliche Umsetzung, so können diese dennoch mittels einer Matrix in Verbindung gebracht werden. Dabei wäre in weiterer Folge eine stufenweise Anpassung beider Objekte zu empfehlen.

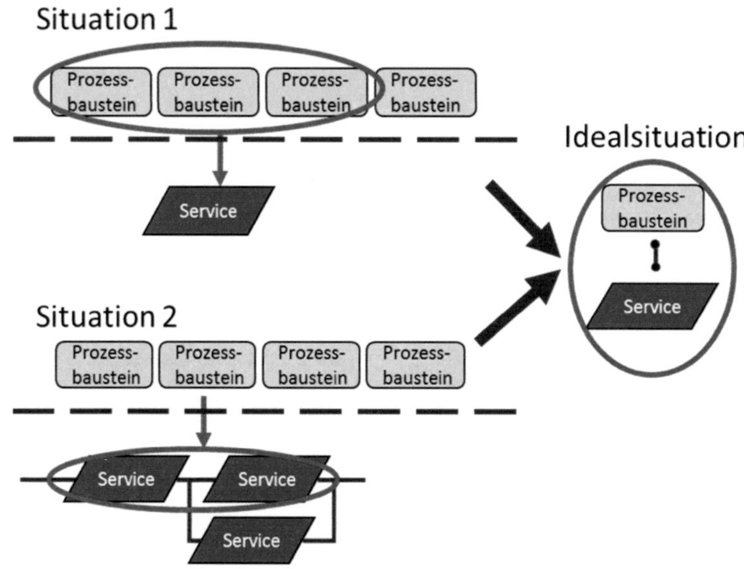

Abbildung 25: Idealsituation einer Zuordnung von Prozessbaustein und einem Service
Quelle: eigene Darstellung

In der Situation 1 der Abbildung wird veranschaulicht, dass der funktionale Umfang eines Services mehrere oder Teile mehrerer Prozessbausteine abdeckt. In der Situation 2 beinhaltet wiederum die Grundaussage eines gesamten Prozessbausteines mehrere oder Teile mehrerer Services. Nur in jenem Fall, wenn sowohl die Prozessbausteine als auch die Services in ihrem vollen funktionalen Umfang eine 1:1 Beziehung aufweisen können, wäre eine Kontinuität zwischen den Geschäftsprozessen und den technologiegestützten Maßnahmen optimal hergestellt.

Derzeit existiert eine Vielzahl von unterschiedlichen Notationen für die Prozessmodellierung der SOA, die überwiegend von den Anbietern der Modellierungswerkzeuge entwickelt wurden. In einer Marktstudie des Fraunhofer Institutes über die Business Process Management Tools 2008 werden als Notationen mit einem größeren Verbreiterungsgrad neben der ereignisgesteuerten Prozesskette (EPK) auch Unified Modeling Language (UML), Business Process Modeling Notation (BPMN) und das semantische Objektmodell (SOM) genannt. Eine weitere Studie des Fraunhofer Instituts über Business Process Modeling 2010 zeigt eine Reihe von Werkzeugen, welche nicht nur die fachliche Modellierung von Prozessen mit der BPMN, sondern auch die Ausführung dieser Prozesse unterstützen. [184]

Im nächsten Kapitel wird lediglich auf die Notationen UML und BPMN, als Möglichkeit der SOA-Dokumentation, eingegangen.

5.7.2 Standardisierte Prozessautomatisierung

Ein Unternehmen führt seine Geschäftsprozesse in einem lebenden und sich ständig ändernden Umfeld aus. Dadurch ändern sich auch ständig die Regeln der Ausführung. Um diesen Anforderungen gerecht zu werden, empfiehlt sich eine automatisierte Unterstützung der Geschäftsprozesse. Dies kann durch den Einsatz von IT-gestützten Workflow-Systemen bewerkstelligt werden.[185]

Was ist der Unterschied zwischen einem Geschäftsprozess und einem Workflow? Beide Begriffe stehen für eine prozessorientierte Sichtweise auf Systeme und Organisationen. Wenn man überhaupt einen Unterschied festmachen will, dann kann man sagen, dass Geschäftsprozesse eine eher allgemeinere und abstraktere Sichtweise haben. Ein Geschäftsprozess beschreibt eher, was passiert bzw. was passieren muss. Ein Workflow beschreibt eher, wie ein bestimmtes Ergebnis erzielt werden kann. Manchmal wird unter einem Workflow auch nur der technische bzw. IT gestützte Teil eines Geschäftsprozesses verstanden.[186]

Anders ausgedrückt: „Wird ein Prozessablauf automatisiert, spricht man von einem Workflow."[187]

Für die Dokumentation von prozessautomatisierten Lösungen können folgende grafisch notierte Standards genutzt werden:

- UML - Unified Modeling Language der Object Management Group (OMG, http://www.omg.org)

---

[184] Vgl. Fraunhofer Institut für Arbeitswirtschaft und Organisation IAO, (Spath Dieter, Weisbecker Anette, Drawehn Jens) (2010, S. 14ff).
[185] Vgl. Jochem Roland, Mertins Kai, Knothe Thomas (2010, S. 493).
[186] Vgl. Josuttis, Nicolai (2009, S. 104).
[187] Jochem Roland, Mertins Kai, Knothe Thomas (2010, S. 450).

- BPMN - Business Process Modeling Notation der OMG (http://www.omg.org) [188]

Sowohl für eine Workflow Unterstützung, als auch für das methodenbasierte und technologieneutrale Konzept SOA (Einführung von Business Services), kann neben herkömmlichen Dokumentationsformen, auch die UML oder auch die BPMN angewendet werden, um gleichzeitig eine Möglichkeit zur Automatisierung nutzen zu können.

5.7.2.1 Unified Modeling Language (UML)

„Die einheitliche Modellierungssprache Unified Modeling Language (UML) bietet standardmäßig mehrere unterschiedliche Diagrammtechniken und Notationsarten, die in der Hauptsache dazu dienen, IT Anforderungen zu beschreiben."[189]

„UML ist eine grafische Sprache, um softwareintensive Systeme zu spezifizieren und zu dokumentieren. (…) UML wird von der OMG als neutrale Standardisierungsinstanz gepflegt."[190]

Bei einer Anwendung von UML würde eine richtige Einordnung in das Prozessebenenmodell bedeuten, dass die detaillierte Tätigkeitsbeschreibung mit dem UML Modellelement „Use Case" (Use Case Diagram) oder der jeweilige Einzelprozessschritt mit den UML Modellelement „Aktivität" (Activity Diagram) in Verbindung gebracht wird. Dadurch wird die Verbindung zu technologiegestützten Maßnahmen hergestellt.

5.7.2.2 Business Process Modeling Notation (BPMN)

Auch die Business Process Modeling Notation (BPMN) bietet eine standardisierte Brücke zwischen Geschäftsprozessdesign und technologiegestützter Prozessimplementierung.[191]

BPMN gilt als standardisierte Erweiterung der Darstellungstechnik der UML. Beide Standards werden seit 2005 (seit der Übernahmen der Business Process Management Initiative - BPMI durch die OMG) von der OMG verwaltet. Die beiden Schwerpunkte unterscheiden sich. BPMN besitzt nicht nur eine Visualisierungskomponente sondern auch eine notationsbezogene Ausführungssemantik. Die technischen Entwickler neigen eher die UML zur Modellierung anzuwenden und die Business-Analysten dagegen die BPMN. Der Vorteil von BPMN liegt darin, dass ein Prozessmodell auch

---

[188] Vgl. Liebl Herbert, Strnadl Christoph F. (2011, S. 30).
[189] European Association of Business Process Management, (2009, S. 68).
[190] Liebl Herbert, Strnadl Christoph F. (2011, S. 31).
[191] Vgl. Trambo Uwe, Müller Martina, Regele Verena, Sontheim Thomas (2010, S. 18).

von Nicht-Technikern entwickelt oder zumindest verstanden werden kann. Zusätzlich wird dadurch die Kommunikation zwischen dem Business und der IT gefördert. Dabei entspricht die Prozessdokumentation eher der tatsächlich gelebten Realität. Der Nachteil der BPMN liegt darin, dass bei nicht syntaktisch korrekter Anwendung, die Standardisierungsvorteile verloren gehen. [192]

Mit BPMN scheint sich erstmals ein Standard für die Prozessmodellierung auf breiter Basis durchzusetzen, der sowohl für die fachliche, als auch für die ausführungsnahe Modellierung verwendbar ist. [193]

Auch diese standardisierte Dokumentationsart ist für die automatisierte Generierung von IT Lösungen, ausgehend von einem Prozessmodell gedacht.

Innerhalb der Elemente Flow Objects, Connecting Objects, Swimlanes und Artifacts, gibt es eine Untergliederung in eine relativ geringe Anzahl von Kernelementen. Diese Elemente sind wiederum innerhalb der Spezifikation in weitere zahlreiche Unterelemente gegliedert. [194]

Speziell für das methodenbasierte und technologieneutrale Konzept SOA bietet die BPMN 2.0 anhand der Modellierung eines definierten Serviceaufrufs über den Task Type "Service Task", die Grundlage zur automatischen Verarbeitung von technischen Services. [195]

Als „Task" wird allgemein die Verteilung von Aufgaben verstanden. [196]

Für die Einordnung der BPMN in das Prozessebenenmodell würde es keine bestimmte Abgrenzung geben, da theoretisch jede Ebene mit dieser Notation modelliert werden kann.

---

[192] Vgl. Freund Jakob, Rücker Bernd (2010, S. 8ff, 211).
[193] Vgl. Allweyer, Thomas (2009, S. 9, 13).
[194] Vgl. Liebl Herbert, Strnadl Christoph F. (2011, S. 34).
[195] Vgl. Freund Jakob, Rücker Bernd (2010, S. 165, 185, 204f).
[196] Vgl. Liebl Herbert, Strnadl Christoph F. (2011, S. 90).

5.7.2.3 Umsetzungsmöglichkeiten zur Prozessautomatisierung

Damit auch Geschäftsprozesse tatsächlich automatisiert gelöst werden können, bieten diverse Case Tools für die Softwareentwicklung und Workflow-Systeme für die Ausführung von Geschäftsprozessen mittels standardisierter Prozessbeschreibungssprache diese automatisierte Ausführung der Prozesse an.

Als Case Tool (Case übersetzt: rechnergestützte Softwareentwicklung) bezeichnet man den intensiven Einsatz IT-gestützter Werkzeuge für die Umsetzung einer Software-Konzeption. Die Quelle dieser Konzeption kann durchaus aus der abgeleiteten Geschäftsprozessmodellierung stammen. Ziel ist es, Software möglichst vollständig automatisiert zu erstellen. Case-Tools sind Programme, die den Software-Entwicklern bei der Planung, dem Entwurf und der Dokumentation seiner Arbeitsergebnisse (Software) unterstützen. Ein wichtiger Bestandteil von Case-Tools ist eine grafische Notationsweise, die der Visualisierung der Architektur des Software-Systems dient. Einige Case-Tools unterstützen die strukturierten Vorgehensweisen aus den Werkzeugen für die Geschäftsprozessmodellierung. Darin können neben der objektorientierten grafischen Notationsweise UML auch die Datenmodellierungsmethode Entity-Relationship-Modellierung (ERM) die Basis für die Konzeption bilden.[197]

Die eigentliche Case Tool Technologie, also jener Technologie, in dieser automatisiert ein Programm-Code oder eine Datenbank-Tabelle generiert werden kann, entstammt der bereits älteren Generation. Der etwas jüngere Ansatz, eine Prozessautomatisierung zu unterstützen, besteht im Einsatz eines Workflow Management Systems.

Als Workflow Management System bezeichnet man die IT-gestützte Steuerung von Prozessen. Diese können sowohl einmal anfallende oder auch vielmals anfallende Abläufe beinhalten. Der Vorteil des Einsatzes eines Workflow Management Systems liegt darin, dass Unternehmen in einem sich ständig ändernden Umfeld, einfach und schnell die Ausführung ihrer Workflows anpassen können. Ein Workflow definiert, nach welchen Regeln, Dokumenten, Informationen und Aktivitäten von einer konkreten Person zur nächsten oder einem bestimmten System zum Nächsten weitergegeben werden.[198]

Diese Regeln können als Prozess in einem Prozessmanagement-Tool oder anhand einer Visualisierungskomponente eines Workflow-Tools definiert werden. Hierbei

---

[197] Vgl. Wieseckel, Sandra (2003, S. 8ff).
[198] Vgl. Jochem Roland, Mertins Kai, Knothe Thomas (2010, S. 450, 493).

müssen die benötigten Workflow Definitionen des Workflow-Tools berücksichtigt werden oder die Definitionen werden anhand spezifischer Workflow Modelle der Workflow-Tools festgehalten. Wird der Prozess, die Regeln in einem eigenen Tool, wie z.B. einem Prozessmanagement-Tool definiert, so sollte anhand einer standardisierten Schnittstelle mittels standardisierter Prozessbeschreibungssprache die Kommunikation zu einer ausführbaren Workflow-Engine hergestellt werden. Dadurch kann der Prozess, die Regeln automatisiert ausführen.

Die standardisierten Prozessbeschreibungssprachen (Ausführungssprache) für Workflow-Systeme sind textuell basiert und stehen in folgender standardisierten Form zur Verfügung:

- XPDL - XML Process Definition Language der Workflow Management Coalition (WfMC - http://www.wfmc.org). XPDL ist innerhalb des Workflow-Managements, eine XML basierte Sprache zur Beschreibung von Geschäfts-prozessen. Dieser Standard wird hauptsächlich für den Austausch der Pro-zessmodelle verwendet.

- WS-BPEL - Web Services Business Process Execution Language, vom OASIS Konsortium entwickelt (http://oasis-open.org). XPDL ist ebenso eine XML ba-sierte Sprache zur Beschreibung von Geschäftsprozessen, deren einzelne Akti-vitäten oft durch Webservices implementiert sind. Ausführbare BPEL-Prozesse können auf einer Workflowmaschine zum Einsatz gebracht werden und sind durch sie ausführbar. Dieser Standard wird hauptsächlich für die Ausführung von Prozessmodellen verwendet. [199]

Da aus Sicht der Anwender von Workflow-Management-Systemen nur von unterge-ordneter Bedeutung ist, welche Ausführungssprache die Werkzeuge letztendlich verwenden, werden hierfür keine weiteren Ausführungen getätigt.

---

[199] Vgl. Liebl Herbert, Strnadl Christoph F. (2011, S. 30, 36ff, 194). Vgl. Fraunhofer Institut für Arbeitswirtschaft und Organisation IAO, (Spath Dieter, Weisbecker Anette, Drawehn Jens) (2010, S. 19). Vgl. Allweyer, Thomas (2009, S. 9).

5.7.2.4 Ableitung von Workflowmodellen in der Praxis

Laut Pongratz können unterschiedliche Ableitungsmethoden von Workflowmodellen für die Übergabe an die IT angewandt werden.

1) Keine Ableitung: es besteht grundsätzlich die Möglichkeit, Workflowmodelle zu erstellen, ohne diese aus Prozessmodellen abzuleiten.

2) Manuelle Transformation: das Workflowmodell wird in einer technischen Notation neu modelliert. Die Basis dafür stellen die Geschäftsprozessmodelle dar. Dabei können technische Informationen oder Service-Definitionen in einer SOA eingearbeitet werden.

3) Halbautomatische Transformation: in der halbautomatischen Transformation werden aus dem Geschäftsprozessmodellen, bedingt von technologischen Einschränkungen der betroffenen Werkzeuge, die Grundelemente in ein Workflowmodell übernommen. Die fehlenden technischen Informationen müssen nach der Transformation manuell ergänzt werden.

4) Automatische Transformation: In dieser Variante wird das Workflowmodell komplett automatisiert aus dem Geschäftsprozessmodell generiert. Grundvoraussetzung dafür ist das Vorhandensein aller relevanten technischen Informationen und Bedingungen im Geschäftsprozessmodell. Zudem müssen alle Konstrukte der fachlichen Notation nahezu eindeutig sein. Sie dürfen also nur so wenig Interpretationsspielraum offen lassen, damit eine eindeutige Interpretation der Workflow-Engine möglich ist.[200]

5.7.3 Standardisierte IT-Dokumentation

Die Beweggründe einer reinen Dokumentationsform von IT-Informationen ohne Automatisierungswillen oder methodischen SOA-Ansatz könnten darin liegen, dass sich die am Prozess beteiligten Mitarbeiter bei Ihrer täglichen Arbeit orientieren können. Ein weiterer Grund könnte darin bestehen, dass die Dokumentation im Rahmen juristischer Anforderungen oder zur Erlangung einer bestimmten Zertifizierung erforderlich ist.[201] Als Beispiel für den juristischen Rahmen kann das interne Kontrollsystem (IKS) und für eine Zertifizierung die Prüfung nach DIN EN ISO 9001f angeführt werden.

---

[200] Vgl. Pongratz, Walter (2009, S. 17).
[201] Vgl. Freund Jakob, Rücker Bernd (2010, S. 2).

Ein Prozess mit unterstützter IT-Funktionalität, ist eine wiederholbare Summe von definierten Aktivitäten, die durchlaufen werden, um als Resultat eine Informatikleistung zu erbringen. Wenn eine IT-Dokumentation z.B. eine Definition eines Datenmodells erfordert, braucht es einen dementsprechenden integrativen Rahmen.[202]

Eine Form, wenn auch eine ältere, zur standardisierten IT-Dokumentation wäre, die IT-Prozesse mit einer grafisch orientierten Datenmodellierung zu ergänzen. „Die Aufgabe einer Datenmodellierung ist die detaillierte Beschreibung der in den Geschäftsprozessen verwendeten Informationsobjekte. (…) Die logische Datenorganisation als Gegenstand der Datenmodellierung hat das Ziel, ein konzeptionelles Datenmodell zu beschreiben, das sich verarbeitungsrelevanten Aspekten des betrachteten Realitätsausschnittes durch Datenobjekte und deren Beziehungen beschreibt. (…) Grundlage und Ausgangspunkt der Datenmodellierung sind Entitäten. Hierunter sind individuelle und eindeutig identifizierte Elemente der Datenwelt zu verstehen, die durch Eigenschaften beschrieben werden. „[203]

Für die Einordnung der „normalen" standardisierten IT-Dokumentation in das Prozessebenenmodell würde es bedeuten, dass in der Detailprozessebene die relevanten IT-Prozessabläufe, als Ergänzung zu den betriebswirtschaftlichen Prozessen, dokumentiert werden. Je nach Zielsetzung kann im Anschluss, in der Business Service Ebene eine Datenflussdokumentation oder eine Datenmodellierung (ERM) in Form eines Entity-Relationship-Diagrammes (ERD) erfolgen.

Bei der Datenflussmodellierung wird ähnlich einem Flussdiagramm die automatisierten Systemschritte mit allen abhängigen Zusatzinformationen wie z.B. Maske, Datentyp, System, Systemstatus, Schnittstelleninformationen, Datenbanken usw. festgehalten.

Bei der Datenmodellierung (ERM) steht eher die Sachlogik im Vordergrund, indem die relationalen Datenbanken in ihrer Definition beschrieben werden. Dabei kann durchaus nach einer logischen und physischen Sicht unterschieden werden. Die Verbindung zum Geschäftsprozess könnte so bewerkstelligt werden, indem das Informationsobjekt im IT-Prozess oder dem betriebswirtschaftlichen Prozess, welcher als Input oder Output in der Prozessdokumentation dargestellt wird, mit einer Entität (Entity) hinterlegt wird.

---

[202] Vgl. Anderegg, Brigitte (2000, S. 19).
[203] Gadatsch, Andreas (2001, S. 5f).

6 Handhabung des generischen Prozessebenenmodells (PrEMo) für die Praxis

Damit das generische Prozessebenenmodell nicht nur ein theoretisches Konstrukt bleibt, werden fünf Vorgehensweisen zur standardisierten Geschäftsprozessmodellierung anhand des Prozessebenenmodells (PrEMo) vorgestellt.

Zunächst stellt sich noch die Frage, ab wann und in welcher Intensität so ein Prozessebenenmodell einzuführen bzw. in eine bestehende Dokumentationslandschaft zu integrieren wäre. Diese Frage kann am besten der Reifegrad der etablierten Kernprozesse beantworten, indem als Entscheidungshilfe ein Reifegradmodell herangezogen wird. Es gibt einige Standards zur Bewertung von Prozessen, welche nach Reifegradstufen eingeordnet werden. Leider gibt es keinen allumfassenden Standard zur Bewertung eines integrierten Prozessmanagementsystems nach Reifegraden. Dem am nächsten würde eine Bewertung mittels einem EFQM-Modells kommen, worin eine Betrachtung auf ein umfassendes Managementsystem ermöglicht wird.

Bergsmann unterstreicht dies indirekt und löst diesen Mangel mit der Art des Umganges eines Standards zur Prozessbewertung, indem er meint: „Zur generellen Einschätzung des Fortschritts im Prozessmanagement kann dabei in größeren zeitlichen Abständen ein Prozessreifegrad-Assessment der Organisation eine sinnvolle Bewertung über den erzielten Fortschritt bringen. Auf Basis von etablierten Reifegradmodellen wie etwa CMMI, SPICE ISO/IEC 15504 oder EDEN."[204]

6.1 Einsatz des PrEMo in Abhängigkeit des Prozessreifegrades

Es gibt eine Reihe Konzepte, die den Reifegrad von Prozessen einschätzen. Die bekanntesten Maturity Modelle sind z.B. das Capability Maturity Model (CMM), das Nachfolgermodell Capability Maturity Model Integration (CMMI), das European Foundation for Quality Management (EFQM) mit dem Radar-Konzept, oder das SPICE (ISO/IEC 15504).[205]

---

[204] Bergsmann, Stefan (2012, S. 219f).

[205] Vgl. Wagner Karl W., Patzak Gerold (2007, S. 387ff). Vgl. Bergsmann, Stefan (2012, S. 220). Vgl. Karer, Albert (2007, S. 18). Vgl. Gareis Roland, Stummer Michael (2007, S. 259ff). Vgl. Fischermanns, Guido (2010, S. 418). Vgl. Bergauer, Stephan (2009, S. 12ff). Vgl. itSMF, ISACA (2011, S. 283ff). Vgl. Günther, Armin (2008, S. 23ff).

„Unter den Begriff Maturity wird die Reife bzw. Fähigkeit einer Organisation zur Erfüllung von Prozessen verstanden." [206]

In den nächsten beiden Abbildungen von Fischermanns, werden die Reifegradstufen nach CMM und SPICE (ISO 15505) gezeigt.

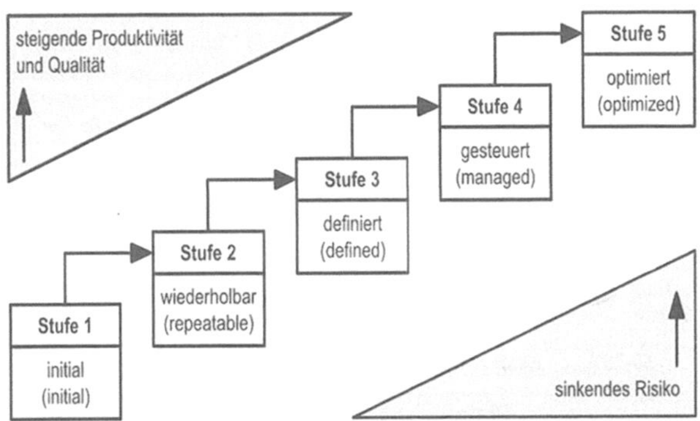

Abbildung 26: Reifegradstufen nach CMM
Quelle: Fischermanns [207]

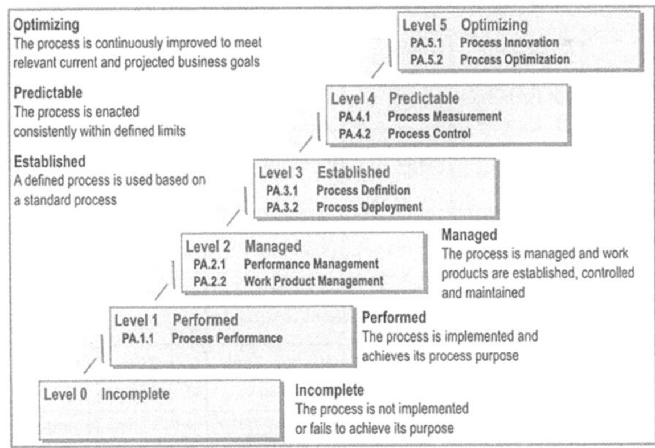

Abbildung 27: Reifegradstufen nach SPICE (ISO/IEC 15504)
Quelle: Fischermanns [208]

Der Nutzen einer Anwendung eines Reifegradmodells liegt darin, dass

---

[206] Gareis Roland, Stummer Michael (2007, S. 257).
[207] Fischermanns, Guido (2010, S. 423).
[208] Fischermanns, Guido (2010, S. 423).

- eine objektive Beurteilung eines Prozesses,
- der Vergleich mit anderen Unternehmen(seinheiten),
- die Beobachtung eines Entwicklungstrends eines Prozesses,
- die strategische Optimierung des Prozesses

erleichtert wird. [209]

Nimmt man nun eine Bewertung der etablierten Kernprozesse vor bzw. ermittelt dessen Reifegrade, so kann durchaus festgestellt werden, wann und in welcher Intensität das Prozessebenenmodell sinnvoll einzuführen bzw. in eine bestehende Dokumentationslandschaft zu integrieren wäre.

Grundsätzlich wäre zu empfehlen, anhand der verschiedenen Reifegrade, die Anwendung der einzelnen Ebenen aus dem Prozessebenenmodell abhängig zu machen.

Will man ein Prozessebenenmodell neu einführen, so wäre eine stufenweise Etablierung des Prozessebenenmodells sinnvoll.

Wird ein Prozessmanagement in einem Unternehmen erst aufgebaut oder die Kernprozesse des Unternehmens entsprechen einer Reifegradstufe von 0 oder 1 nach SPICE (ISO/IEC 15504), so wäre eine „light" Anwendung des Prozessebenenmodells folgerichtig. Die Reifestufen 0 oder 1 würden aussagen, dass der Prozess entweder unvollständig/incomplete oder bereits durchgeführt/performed ist. Dadurch wäre zumindest der Prozess eingeführt und das Prozessziel erreicht. Die „light" Version des Prozessebenenmodells wäre, wenn lediglich die Geschäftsprozessebene und die Detailprozessebene angewendet werden würde. Hierbei müsste der Schwerpunkt lediglich darin liegen, dass eine Prozesslandkarte definiert wird und diese bis zu den Detailprozessen schlüssig nach dem Top-down Prinzip runtergebrochen wird.

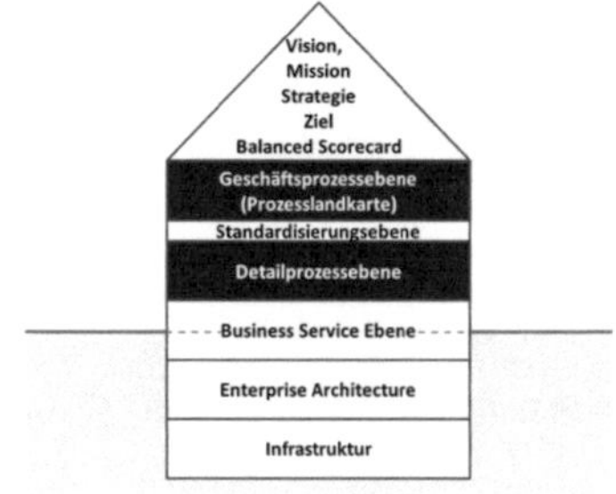

Abbildung 28: „light" Version des PrEMo bei Reifegradstufe 0 oder 1

---

[209] Vgl. Lenz, Günter (2008, S. 25).

Quelle: eigene Darstellung

Würden die bewerteten Kernprozesse eine Reifegradstufe 2 nach SPICE (ISO/IEC 15504) entsprechen, so wäre aus dem Prozessebenenmodell die Anwendung der Geschäftspro-zessebene, die Detailprozessebene und die Business Service Ebene machbar. Die Reifestufe 2 würde aussagen, dass der Prozess bereits gesteuert/managed wird (geplant, beobachtet, angepasst, kontrolliert, gepflegt usw.). In der Detailprozessebene kann bereits eine detailliertere Unterscheidung der Detailprozesse nach Prozessvarianten, Prozesska-tegorien oder Prozesszustände verfolgt werden. In der Business Service Ebene ist die Anwendung des methodischen SOA Ansatzes nicht unbedingt erforderlich. Hier soll im Mittelpunkt eine durchgängig integrierte Prozessinformation zu den technologiegestützten Maßnahmen stehen. Dies kann mit einer herkömmlichen Datenflussdokumentation oder Datenmodellierung (ERM) erfolgen. Sollte ein Automatisierungswille vorhanden sein, so kann auch UML oder BPMN angewendet werden.

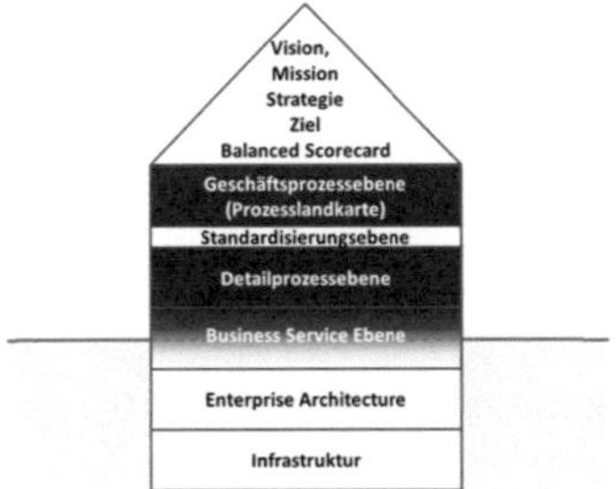

Abbildung 29: Einsatz von PrEMo bei Reifegradstufe 2
Quelle: eigene Darstellung

Ab einer Reifegradstufe 3 der bewerteten Kernprozesse nach SPICE (ISO/IEC 15504), würde eine gesamte Nutzung des Prozessebenenmodells eine zweckmäßige Unterstüt-zung bieten. Die Reifestufen 3,4 und 5 würden aussagen, dass der Prozess entweder etabliert/established, vorhersagbar/predictable oder optimiert/optimized ist. Dadurch wäre der bereits gesteuerte Prozess auf Basis eines Standardprozesses implementiert, arbeitet innerhalb definierter Grenzen und wird kontinuierlich verbessert, um aktuelle und geplante Prozessziele zu erreichen. Hierbei kann sich auch die Standardisierungsebene völlig entfalten, indem die Prozesse auf Basis von standardisierten Musterprozessen implemen-tiert werden können. Auch die reifere Form einer Integration von IT Informationen mittels dem SOA-Ansatz, wodurch die Servicenutzung von IT-Systemen methodisch in den

Vordergrund gestellt und mit den Prozessen in Verbindung gebracht wird, würde in dieser Reifegradstufe vollständig zur Geltung kommen.

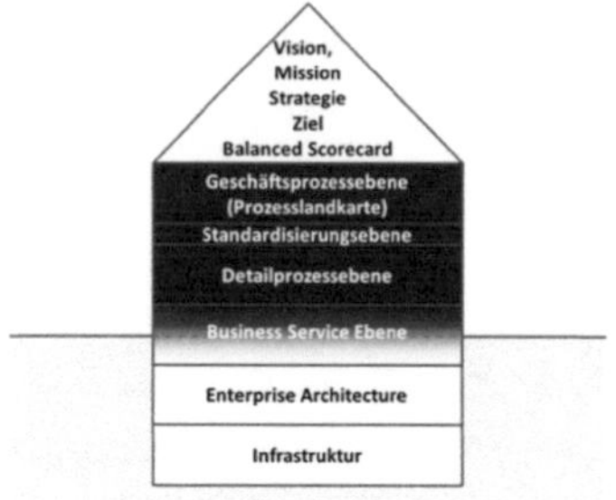

Abbildung 30: Einsatz von PrEMo ab einer Reifegradstufe 3
Quelle: eigene Darstellung

6.2 Fünf Vorgehensweisen in der standardisierten Geschäftsprozessmodellierung

Anbei werden fünf Vorgehensweisen zur standardisierten Geschäftsprozessmodellierung anhand des Prozessebenenmodells (PrEMo) vorgestellt.

6.2.1 Vorgehen 1: Klassische Geschäftsprozessmodel Sofort umsetzbar! wertschöpfenden Kernprozessen

Die Geschäftsprozessmodellierung wird ausgehend der Prozesslandkarte aus der Geschäftsprozessebene durchgeführt. Die Prozesslandkarte bildet dabei die erste Ebene. In weiterer Folge werden die wertschöpfenden Kernprozesse aus der Prozesslandkarte zuerst granular beschrieben. Danach werden die Prozessinformationen durch die spezifische Detailprozessinformation (aus dem operativen Handlungsfeld) in der Detailprozessebene, nach dem Top-down Prinzip, ergänzt. Hierbei kann entweder der granulare Kernprozess einmalig runtergebrochen oder nach den Unterscheidungsmerkmalen mittels einer Prozessmatrix (Abbildung 31), nach Prozessvarianten, Prozesskategorien oder Prozesszuständen verfeinert werden. Dabei werden die Detailprozesse in ihrem gesamten Fluss beschrieben. Die Standardisierungsebene wird übersprungen.

Kernprozess	Kernprozess 1. Detaillierungsstufe								
	Kernprozess 2. Detaillierungsstufe								
	Kernprozess 3. Detaillierungsstufe								
Variante, Kategorie, Zustand	Kernprozess 4. Detaillierungsstufe								
xxxx									
xxxx									
xxxx									
xxxx									
xxxx									
xxxx									

Abbildung 31: Schematische Darstellung einer Prozessmatrix für die Detaillierung
Quelle: eigene Darstellung

Die technologiegestützten Prozessinformationen können mit einer herkömmlichen Datenflussdokumentation, Datenmodellierung (ERM) oder bei einem Automatisierungswillen, auch mit UML oder BPMN dokumentiert werden.

Diese einfache und klassische Art der Geschäftsprozessmodellierung von wertschöpfenden Kernprozessen, wäre ohne größeren Aufwand durchaus sofort umsetzbar. Die betroffenen Ebenen des Prozessebenenmodells dieser Vorgangsweise wären die Geschäftsprozess-, Detailprozess- und Business Service Ebene.

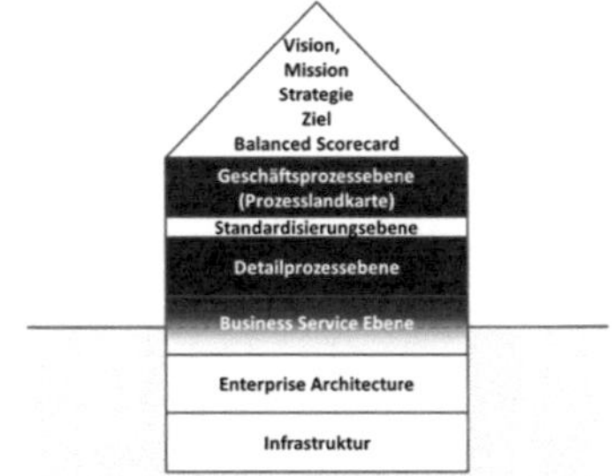

Abbildung 32: Übersicht der verwendeten Ebenen des PrEMo
Quelle: eigene Darstellung

6.2.2 Vorgehen 2: Geschäftsprozessmodellierung von Management- und Unterstützungsprozessen

Sofort umsetzbar!

Bei den Management- und Unterstützungsprozessen handelt es sich oft um Prozesse, die keine direkten wertschöpfenden Tätigkeiten besitzen. Sie sind jedoch notwendig, um die Kernprozesse entweder ausführen und entlasten zu können oder das dafür notwendige Unternehmensumfeld zu organisieren.[210]

Deshalb ist es auch unbedenklich, wenn die einzelnen Management- und Unterstützungsprozesse wie z.B. Controlling durchführen, Unternehmen entwickeln, Beteiligungen managen, Marketing durchführen, Rechtssicherheit managen, Informationstechnologie bereitstellen, Personal verwalten usw. in einer eigenen Fachbereichssicht erfasst werden. In einer eigenen Fachbereichssicht deshalb, weil in größeren Unternehmen zumeist die Management- und Unterstützungsprozesse 1:1 einem Fachbereich zugeordnet werden können. Damit auf eine einfache Art und Weise erkannt werden kann, wie sich ein Fachbereich organisiert hat, um die Prozesse optimal erfüllen zu können, wäre eine Erstellung einer eigenen Fachbereichs-Prozesslandkarte je Management- und Unterstützungsprozess zweckdienlich. Die Etablierung einer eigenen Fachbereichs-Prozesslandkarte ist in der Praxis eine durchaus angewandte Arbeitsweise.

Diese fachbereichsorientierten Prozessinformationen oder die einzelnen Management- und Unterstützungsprozesse als eigene Fachbereichs-Prozesslandkarte, lassen sich einfach in das Prozessebenenmodell integrieren. Hierzu wird der jeweilig betroffene einzelne Management- und Unterstützungsprozess der Prozesslandkarte aus der Geschäftsprozessebene mit so einer Fachbereichs-Prozesslandkarte hinterlegt. In weiterer Folge werden bei Bedarf die Prozesse granular verfeinert. Bei dem Übergang in die Detailprozessebene werden die Prozesse nach dem Top-down Prinzip, entweder einmalig heruntergebrochen oder nach den Unterscheidungsmerkmalen mittels einer Prozessmatrix, Prozessvarianten, Prozesskategorien oder Prozesszustände verfeinert. Die Standardisierungsebene wird ebenso übersprungen.

In der Fachbereichs-Prozesslandkarte können alternativ, die für den Fachbereich notwendigen Management- und Unterstützungsprozesse, angeführt werden.

Nachstehend wird beispielhaft der Managementprozess „Controlling durchführen" oder auch der Fachbereich Controlling in seinem Handlungsspektrum beschrieben.

---

[210] Vgl. Becker Jörg, Kugeler Martin, Rosemann Michael (2008, S. 7). Vgl. Bräkling Elmar, Oidtmann Klaus (2006, S. 51ff). Vgl. Osterloh Margit, Frost Jetta (2003, S. 34ff, 98, 256). Vgl. Wagner Karl W., Patzak Gerold (2007, S. 65f).

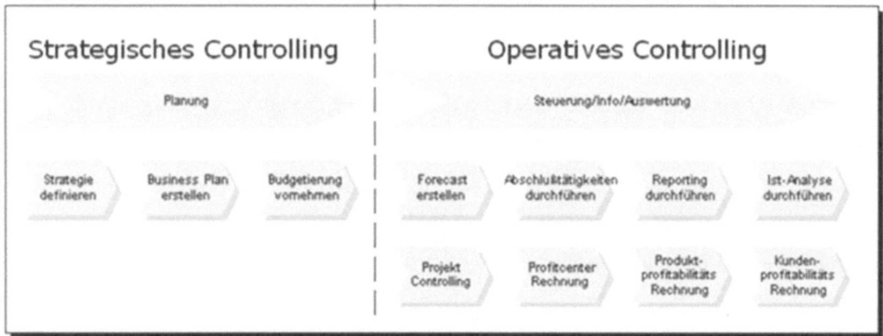

Abbildung 33: Beispiel einer Fachbereichs-Prozesslandkarte
Quelle: eigene Darstellung

Die technologiegestützten Prozessinformationen können wie im ersten Vorgehen (Kapitel 6.2.1) mit einer herkömmlichen Datenflussdokumentation, Datenmodellierung (ERM) oder bei einem Automatisierungswillen, auch mit UML oder BPMN dokumentiert werden.

Diese Art der Geschäftsprozessmodellierung, wäre ohne größeren Aufwand ebenso sofort umsetzbar. Die betroffenen Ebenen des Prozessebenenmodells dieser Vorgangsweise wären die Geschäftsprozess- Detailprozess- und Business Service Ebene.

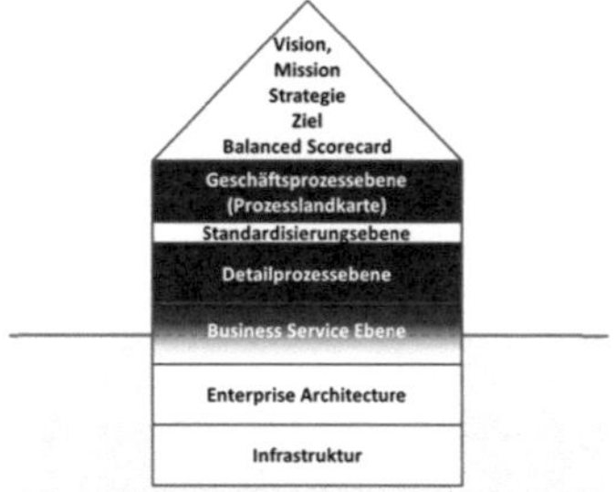

Abbildung 34: Übersicht der verwendeten Ebenen des PrEMo
Quelle: eigene Darstellung

6.2.3 Vorgehen 3: Integration bestehender Prozessdok Sofort umsetzbar! das Prozessebenenmodell (PrEMo)

6.2.3.1 Konsolidierung bestehender Prozessinformationen

Ein bekannter Umstand bei der Einführung vom Prozessmanagement ist, eine Notwendigkeit zu verspüren, jeden Prozessablauf oder jede nur erdenkliche Prozessabweichung erfassen zu wollen. Aus diesem Grund entsteht in kürzester Zeit eine Vielzahl und Vielfalt an Prozessdokumentationen, die es sinnvoll zu strukturieren gilt.

Nicht nur in der Anfangszeit empfiehlt es sich, grundsätzlich das Paretoprinzip (80/20 Regel) handzuhaben. Dieses Prinzip sagt aus, dass 80 % der Ergebnisse in 20 % der Gesamtzeit erreicht werden können. Die verbleibenden 20 % würden zur Ergebnislieferung aber 80 % der Gesamtzeit benötigen.[211] Somit soll nur das Wesentlichste im ersten Scope behandelt werden.

Ein weiterer Autor gibt zu bedenken, dass nicht zu viele Details und Sonderfälle erfasst werden sollen. Eine große Detailtiefe schadet ergebnisoffenen Abläufen, da eine schnelle Anpassung erschwert wird. Die Darstellung allgemeiner Grundstrukturen und Regeln zur zeitlichen sowie inhaltlichen Regelung der Abläufe würde genügen.[212]

Möchte man die Vielzahl und Vielfalt an bestehenden Detailprozessen zusammenfassen, konsolidieren und/oder vereinheitlichen, so gibt es eine praktikable und zugleich zeit- und kostensparende Methode, um eine Optimierung dieser Situation herbeiführen zu können. Konsolidierung wäre das Schlagwort und das stufenweise.

Gerade in der Konsolidierung steckt viel Potenzial einer Vereinfachung und Standardisierung. Als Beispiel wird eine Annahme verfolgt, wo es sich um ein Unternehmen handelt, welches ein Produktportfolio von mehr als 400 Produkten besitzt. Vielfach würde der umfangreiche Weg beschritten werden, indem z.B. im Zuge des Herstellungsprozess eines Produktes, mindestens 400 einzelne Produktherstellungsprozesse beschrieben werden würden. Der Vereinfachungsschritt anhand einer Konsolidierung würde sich folgend gestalten.

Anhand des Prozessebenenmodells werden in der Detailprozessebene nach einer Prozesskategorie mit dem Bezug zu einem Musterprozess oder dem granularen Geschäftsprozess der letzten Detaillierungsstufe, zuerst alle vorhandenen Detailprozesse in die Prozessmatrix integriert. Am folgenden Beispiel wird die Zusammenfassung bestehender Prozesse in eine Prozessmatrix demonstriert.

---

[211] Vgl. Siebenbrock, Heinz (2010, S. 12f).
[212] Vgl. Ministerium für Umwelt und Verkehr Baden-Württemberg (2000, S. 22).

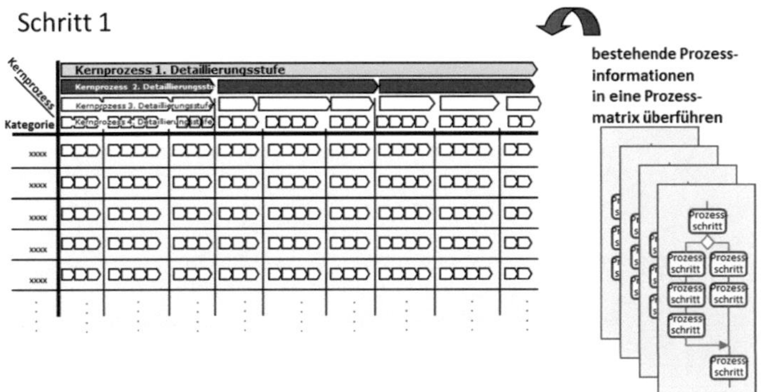

Abbildung 35: Beispiel der Zusammenfassung bestehender Prozesse in eine Prozess-matrix
Quelle: eigene Darstellung

Danach kann Schritt für Schritt eine Konsolidierung der einzelnen Prozessinhalte durchgeführt werden, indem ähnliche oder gleiche Prozessschritte der 400 Produktherstellungsprozesse zusammengefasst werden würden. Dies würde einer Modularisierung nahe kommen. Letztendlich kann der Erfolg dieser Maßnahme darin erkannt werden, dass eine überschaubare Anzahl von grundlegenden Produktherstellungsprozessen übrig bleibt. In diesem Beispiel würden demnach anstatt der ausgehenden 400, nur mehr 15 grundlegende Produktherstellungsprozesse übrig bleiben. Die angeführte Abbildung zeigt schemenhaft die Reduzierung der Detailprozesse durch Konsolidierungsmaßnahmen.

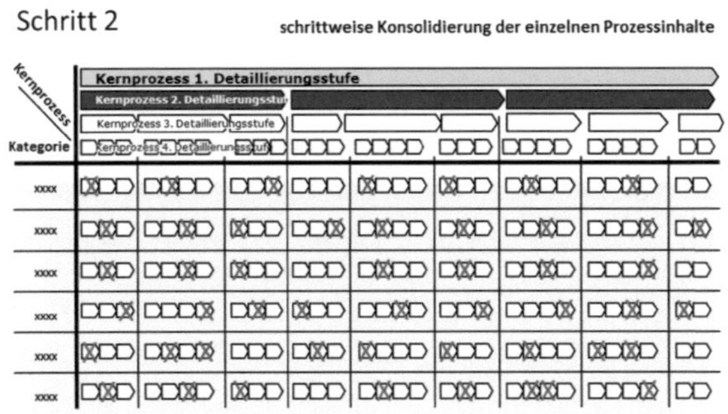

Abbildung 36 Beispiel der Konsolidierung einzelner Prozessinhalte
Quelle: eigene Darstellung

Diese grundlegenden Prozesse bilden wiederum die Basis einer Prozessmatrix in der Detailprozessebene, in dieser lediglich die Unterschiede bzw. Abweichungen der betroffenen Produktherstellungsprozesse beschrieben werden (Abbildung 37). Dies ist zwar ein einmaliger Aufwand zur Konsolidierung, aber langfristig ein wartungsarmer, zeit- und kostensparender Zugang.

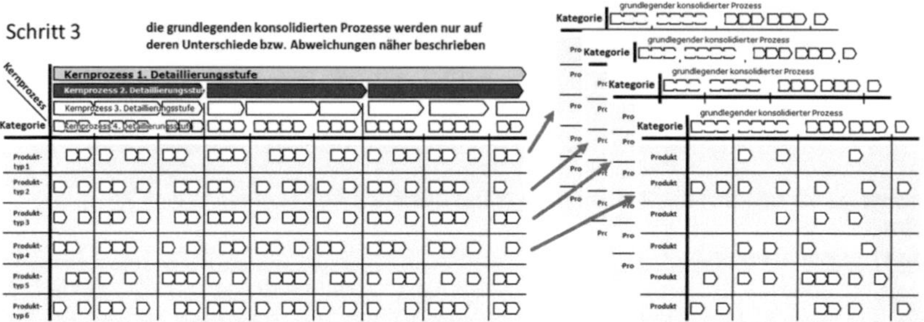

Abbildung 37: Beispiel der weiteren Ableitung
Quelle: eigene Darstellung

Da ein hilfreicher, gelegentlich auch von Zertifizierern geforderter Schritt, den notwendigen Umfang der Dokumentation stetig zu überprüfen und konsequent auszudünnen, so würde das Vorgehen der Konsolidierung bestehender Prozessinformationen dem entgegenkommen.[213]

6.2.3.2 Integration bestehender Prozessmodelle

Dieses Vorgehen richtet sich an Anwender, welche mit softwareunterstützten Modellierungswerkzeugen arbeiten. Viele Modellierungswerkzeuge bieten Funktionalitäten an, die es erlauben, Modelle aus anderen Modellierungswerkzeugen zu integrieren oder zu hinterlegen. Eine weitere funktionale Möglichkeit bietet der Link bzw. Verweis zu Dokumenten/Modellen, welche an einem anderen Speicherort abgelegt wurden. Auch wird die Nutzung von einem Link bzw. Verweis zu einem webbasierten Speicherort ermöglicht.

Kurzum, es soll hier die Möglichkeit genutzt werden, Modelle oder Dokumente, welche Prozessinformationen beinhalten, von einer externen Quelle wie z.B. Dokumentenablage am Server, Web-Publikation oder ähnlichem, in das eigene Prozessmodell zu

---

[213] Vgl. Ministerium für Umwelt und Verkehr Baden-Württemberg (2000, S. 54).

integrieren oder darauf zu verweisen bzw. dem betroffenen Informationsobjekt zu hinterlegen.

Diese Option bietet eine ideale Chance, schnell bestehende Prozessinformationen zu integrieren, ohne diese erneut modellieren zu müssen.

Da das Prozessebenenmodell eine neue Struktur aufweist, neue methodische Ansätze bietet, eine Standardisierung vorantreibt, Detaillierungsgrade vorgibt usw. müssten so manch bestehende Prozessmodelle aufgrund deren Strukturen, Abgrenzungen und Detaillierungen angepasst bzw. neu aufgebaut werden. Ganz besonders wäre dies der Fall, wenn man verstärkt die bestehenden Geschäftsprozesse auf eine End-to-End Betrachtung umstellen möchte. Oder die Vielfalt an bestehenden Detailprozessen stufenweise auf eine Sichtweise nach Prozessvarianten, Prozesskategorien oder Prozesszustände zuordnen und zusammenfassen, konsolidieren und/oder vereinheitlichen möchte.

Zunächst wird in der Detailprozessebene der dafür notwendige Prozessüberbau bzw. ein schlüssiges Prozessgerüst nach den Merkmalen der zu integrierenden Prozesse definiert. Danach wird schrittweise das Dokument, der Verweis, der bestehende Prozess aus einer externen Quelle, dem betroffenen Prozess zugeordnet und hinterlegt. Dies wird in der kommenden Darstellung nachgestellt.

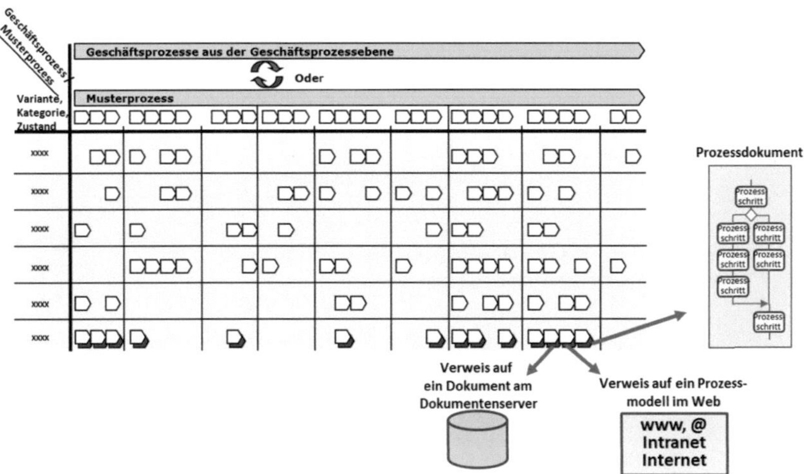

Abbildung 38: Beispiel der Integration von externen Quellen
Quelle: eigene Darstellung

Fallweise müssen Nachbearbeitungen an den zu integrierenden Prozessen durchgeführt werden, um einen gleichen Detaillierungsgrad und eine schlüssige Prozessaussage zu erreichen.

Dieses Vorgehen wird nur für die Detailprozessebene empfohlen. Besitzen die zu integrierenden Prozesse eine granulare Aussage mit einer aggregierten Detaillierungsstufe, welche der Geschäftsprozessebene entsprechen würde, so sind diese eher nachzubilden anstatt zu integrieren.

Ein weiterer Nutzen dieser Methode besteht darin, dass dies ein erster schneller Schritt zu einer standardisierten Geschäftsprozessdokumentation ist. Es werden nicht standardisierte Prozessinformationen in einen vorbereiteten, standardisierten Rahmen integriert.

Sowohl das Vorgehen der Konsolidierung, als auch der Integration bestehender Prozessinformationen, ist ohne größeren Aufwand sofort umsetzbar. Es ist dabei lediglich die Detailprozessebene des Prozessebenenmodells betroffen.

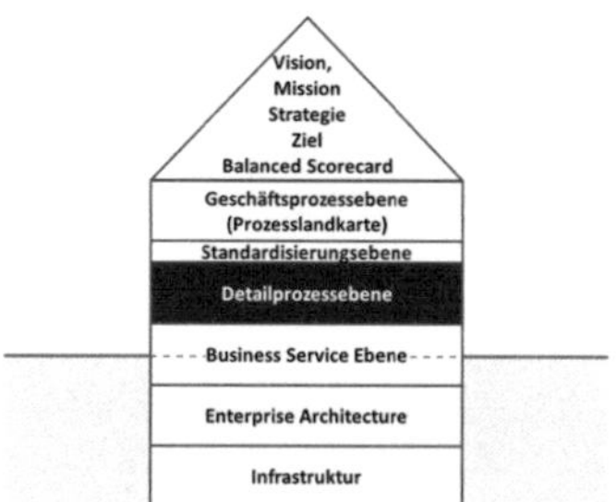

Abbildung 39: Übersicht der verwendeten Ebenen des PrEMo
Quelle: eigene Darstellung

6.2.4 Vorgehen 4: Geschäftsprozessmodellierung anhand vordefinierter Prozessbausteine

Erforderliche Flexibilität der Prozesse wird durch die Entkopplung von Prozessmodulen (einzelne Prozessablaufabschnitte) erreicht. Ein Prozessmodul besteht aus Schnittstellen und der eigentlichen Funktionalität, welches als Prozessbaustein festgehalten werden kann. So entstehen autonome Prozessbausteine bzw. standardisierte Teilprozesse, die situationsbezogen, aber zielgerichtet eingesetzt werden können.[214]

---

[214] Vgl. Günther, Armin (2008, S. 42f).

Auf die Definition und Einordnung von Prozessbausteinen im Prozessebenenmodell wird im Kapitel 5.4.3 eingegangen.

Anhand dieser Vorgehensweise können in der Geschäftsprozessmodellierung vordefinierte Prozessbausteine verwendet bzw. inkludiert werden. Dies würde einerseits einen immer wiederkehrenden Prozessbeschreibungsaufwand gleicher Tätigkeiten verringern und andererseits die Gewährleistungen der Nutzung einer standardisierten Funktionalität bringen.

Da ein Prozessbaustein den standardisierten vollen Umfang eines Prozessablaufabschnitts beinhaltet und bei Verwendung manchmal nur bestimmte Unterfunktionen benötigt werden, so werden Unterfunktionen je nach Bedarf aktiviert oder deaktiviert (ausgeblendet/eingeblendet). Diesen Dienst bieten manche Modellierungswerkzeuge an. Ziel soll jedenfalls sein, dass nur die benötigten Unterfunktionen eines Prozessbausteines für den betroffenen Prozessschritt ersichtlich sind, ohne jedoch eine tatsächliche Änderung am Objekt Prozessbaustein durchgeführt zu haben. Ähnlich verhält es sich bei der Inkludierung eines Prozessbausteines in eine Prozessbeschreibung. Hierbei soll der Prozessbaustein als Ausprägungskopie verwendet werden. Wie im Kapitel 5.4.3 bereits erwähnt, bietet diese Möglichkeit ein objektorientiertes Modellierungswerkzeug. Dabei wird das eigentliche (Original-) Objekt nicht verändert bzw. kopiert, sondern nur mittels der gleichen Symbolik angezeigt.

Idealerweise wird das Portfolio der definierten Prozessbausteine von einer zentralen Prozessmanagementeinheit gewartet und den Geschäftsprozessmodellierern zur Verfügung gestellt. Somit werden die in der Geschäftsprozessebene „geparkten" Prozessbausteine, bei den Detailprozessen in der Detailprozessebene zum Einsatz kommen.

Wird der methodische SOA Ansatz einer IT-Dokumentation verfolgt, so werden die Prozessbausteine in der Business Service Ebene in Beziehung gebracht (siehe Kapitel 5.7.1)

Nachkommend wird beispielhaft illustriert, wie ein Prozessbaustein in einem Geschäftsprozess inkludiert werden kann und wie es sich mit dem aktiviert oder deaktiviert von Unterfunktionen eines Prozessbausteines verhält.

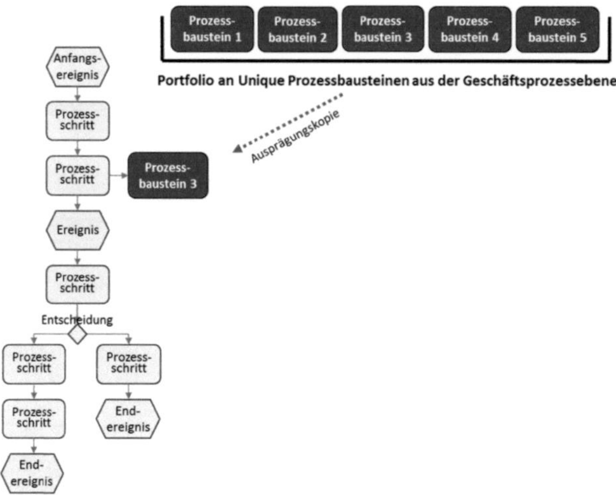

Abbildung 40: Beispiel einer Verwendung von Prozessbausteinen in einem Prozess
Quelle: eigene Darstellung

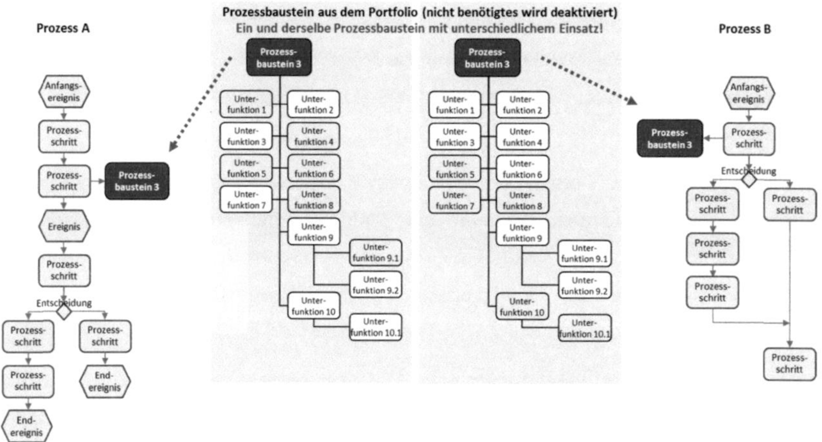

Abbildung 41: Beispiel individueller Aktivierung benötigter Unterfunktionen eines Prozessbausteins
Quelle: eigene Darstellung

Dieses Vorgehen ist eher mittelfristig umsetzbar. Als Grundvoraussetzung muss bereits

- ein geeignetes im Einsatz befindliches Prozessmodellierungswerkzeug,
- eine einheitliche Konvention für die Geschäftsprozessmodellierung,

- eine abgestimmte Prozesslandkarte samt den granular beschriebenen Kernprozessen in der Geschäftsprozessebene,

- ein Portfolio an abgestimmten und freigegebenen Prozessbausteinen (fallweise
  mit festgelegten Namenskonventionen),

- die dementsprechende Prozessorganisation,

vorhanden sein.

Die technologiegestützten Prozessinformationen könnten bereits mit dem methodischen SOA-Ansatz dokumentiert werden. Dabei müssten die IT-Services bereits in
abgestimmter Form aufliegen, damit diese in der Business Service Ebene in Beziehung
gebracht werden können. Herrscht ein Automatisierungswille vor, so wäre dies mittels
der Notation UML oder BPMN bewerkstelligbar.

Die betroffenen Ebenen des Prozessebenenmodells dieser Vorgangsweise sind die
Geschäftsprozess- Detailprozess- und Business Service Ebene.

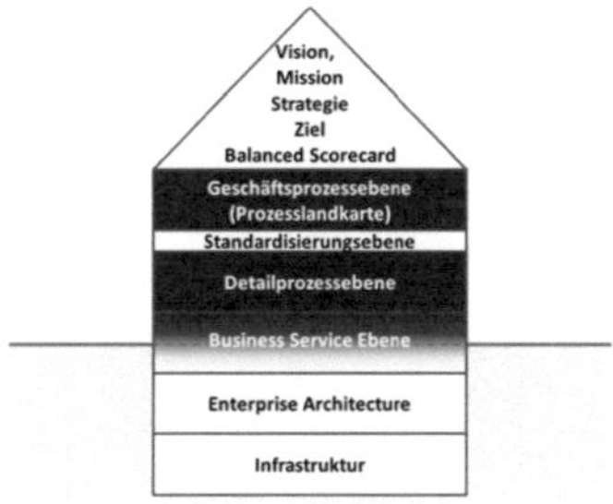

Abbildung 42: Übersicht der verwendeten Ebenen des PrEMo
Quelle: eigene Darstellung

6.2.5 Vorgehen 5: Geschäftsprozessmodellierung anhand standardisierter Musterprozesse

Die Standardisierungsebene, als wesentliche Drehscheibe zur Umsetzung und
Steuerung einer standardisierten Geschäftsprozessmodellierung wird genauer in
Kapitel 0 beschrieben. In diesem Kapitel wird davon ausgegangen, dass bereits
standardisierte Musterprozesse nach Cluster definiert wurden und z.B. durch eine
zentrale Prozessmanagementeinheit den Geschäftsprozessmodellierern vorgegeben
wird. Diese Musterprozesse können bereits integrierte Next Generation Prozesse oder
abgeleitete Prozesse aus Prozessreferenzmodellen beinhalten.

Ziel dieses Vorgehens ist, keine kompletten Prozessabläufe mehr zu beschreiben, sondern nur jene Teilschritte, welche vom Musterprozess abweichen (Abbildung 43). Es sollte darauf geachtet werden, dass im abweichenden Prozessteil ebenso die vordefinierten Prozessbausteine zur Anwendung kommen. Dabei trägt dieses Vorgehen erheblich zur Reduzierung von Komplexität, Änderungsaufwand und Kosten bei. Des Weiteren kann durch diese Vorgehensweise die Durchlaufzeit in Bezug auf die Modellierung deutlich verringert werden.

Die technologiegestützten Prozessinformationen werden bereits mit dem methodischen SOA-Ansatz dokumentiert und die IT-Services mit den Geschäftsprozessen (Prozessbausteinen) in Verbindung gebracht. Somit wird der maximale Rahmen zur Standardisierung einer Geschäftsprozessmodellierung nach dem Prozessebenenmodell ausgenutzt. Kommt dieses Vorgehen zum Einsatz, kann man davon ausgehen, dass die verwendeten Kernprozesse bereits einen hohen Reifegrad nach dem SPICE (ISO/IEC 15504) besitzen und das Prozessmanagement bzw. das Prozessmanagementsystem im Unternehmen einen exzellenten Status besitzt.

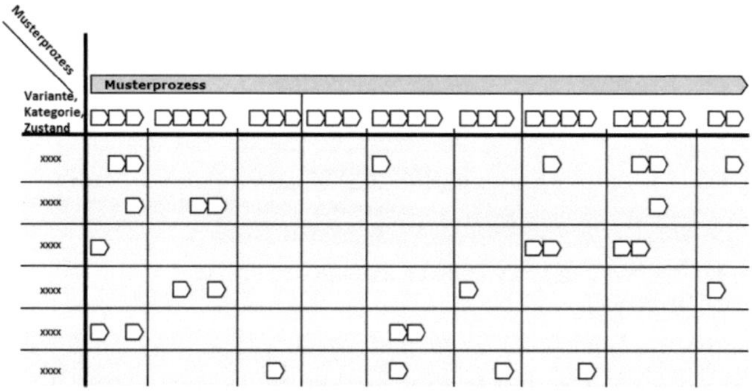

Abbildung 43: Beispiel abweichender Teilprozessschritte von einem Musterprozess
Quelle: eigene Darstellung

Dieses Vorgehen ist langfristig umsetzbar. Als Grundvoraussetzung muss neben den Voraussetzungen bei der Verwendung vordefinierter Prozessbausteine aus Kapitel 6.2.4, zusätzlich

- ein im Unternehmen integriertes und übergreifend funktionierendes Prozessmanagementsystem (integriertes Prozessmanagement in Strategie- Unternehmens- und Organisationsentwicklung, prozessorientierte Unternehmensorganisation [215], eingegliedertes Prozessmanagement im Projektportfoliomanagement, aufgebautes Prozesscontrolling und -reporting, angeschlossenes Prozessrisiko und Kontrollsystem etc.),

- ein Portfolio an abgestimmten und freigegebenen IT-Services,
- ein durchgängiger, logisch (richtig) aufgebauter Bezug der Prozessbausteine zu den IT-Services,
- ein etablierter kontinuierlicher Verbesserungsprozess (KVP), welcher laufend die wertschöpfenden Kernprozesse, Prozessbausteine, standardisierten Musterprozesse, strategische Prozessvorgaben der Next Generation Prozesse, die definierten Prozessziele etc. auf deren Aktualität und durchgängige Plausibilität prüft,
- ein eingerichtetes Benchmarksystem, um z.B. die Qualität der standardisierten Musterprozesse und Prozessbausteine beurteilen zu können,

vorhanden sein.

In diesem Vorgehen, welches einem Idealzustand gleichkommt, wären alle Ebenen des Prozessebenenmodells betroffen.

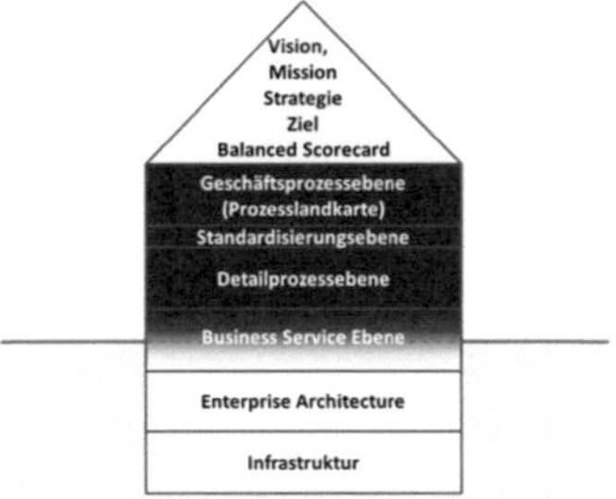

Abbildung 44: Übersicht der verwendeten Ebenen des PrEMo
Quelle: eigene Darstellung

6.3 Zusammenfassung der Standardisierungsmöglichkeiten zur Geschäftsprozessmodellierung

Anbei werden zusammenfassend die Standardisierungsmöglichkeiten zur Geschäftsprozessmodellierung aufgezählt:

- Einführung und Anwendung des Prozessebenenmodells (PrEMo) an sich

---

[215] Vgl. Masaaki, Imai (1998, S. 39).

- Anwendung der Kategorisierungsmöglichkeiten für die Detailprozesse
- Definition und Verwendung von Prozessbausteinen
- Definition und Verwendung von Musterprozessen
- Definition und Verwendung von Next Generation Prozessen
- Anwendung und Ableitung von Referenzmodellen
- Anwendung der Konsolidierungsmethode von bestehenden Prozessinformationen
- Anwendung der Integrationsmethode von bestehenden Prozessmodellen
- Definition und Anwendung von SOA/IT-Services

Anhand der vorgeschlagenen fünf Vorgehensweisen in der standardisierten Geschäftsprozessmodellierung können je Vorgehensvariante unterschiedliche Standardisierungsmöglichkeiten genutzt und unterschiedliche Ebenen des Prozessebenenmodells in Anspruch genommen werden. Dies wird in der folgenden Tabelle zusammengefasst.

	Kategorisierungsmöglichkeiten für die Detailprozesse	Prozessbausteinen	Musterprozessen	Next Generation Prozessen	Referenzmodellen	Konsolidierungsmethode von bestehenden Prozessinformationen	Integrationsmethode von bestehenden Prozessmodellen	Anwendung von SOA/IT-Services	
Vorgehen 1	X								Sofort umsetzbar
Vorgehen 2	X								Sofort umsetzbar
Vorgehen 3	X					X	X		Sofort umsetzbar
Vorgehen 4	X	X				X	X	X	Mittelfristig umsetzbar
Vorgehen 5	X	X	X	X	X	X	X	X	Langfristig umsetzbar

	Geschäftsprozessebene	Standardisierungsebene	Detailprozessebene	Business Service Ebene
Vorgehen 1	X		X	X
Vorgehen 2	X		X	X
Vorgehen 3			X	
Vorgehen 4	X		X	X
Vorgehen 5	X	X	X	X

Tabelle 17: Übersicht der Standardisierungsmöglichkeiten und Ebenen nach Varianten
Quelle: eigene Darstellung

Wird der Einsatz des PrEMo mit dem Prozessreifegrad in Abhängigkeit gebracht, werden für die Geschäftsprozessmodellierung je Reifegradstufe folgende Optionen der Standardisierungsmöglichkeiten und Ebenen des Prozessebenenmodells empfohlen.

	Kategorisierungsmöglichkeiten für die Detailprozesse	Prozessbausteinen	Musterprozessen	Next Generation Prozessen	Referenzmodellen	Konsolidierungsmethode von bestehenden Prozessinformationen	Integrationsmethode von bestehenden Prozessmodellen	Anwendung von SOA/IT-Services
Reifegradstufe 0								
Reifegradstufe 1								
Reifegradstufe 2	X							
Reifegradstufe 3	X	X	X	X	X	X	X	X
Reifegradstufe 4	X	X	X	X	X	X	X	X
Reifegradstufe 5	X	X	X	X	X	X	X	X

	Geschäftsprozessebene	Standardisierungsebene	Detailprozessebene	Business Service Ebene
Reifegradstufe 0	X		X	
Reifegradstufe 1	X		X	
Reifegradstufe 2	X		X	X
Reifegradstufe 3	X	X	X	X
Reifegradstufe 4	X	X	X	X
Reifegradstufe 5	X	X	X	X

Tabelle 18: Übersicht der Standardisierungsmöglichkeiten und Ebenen nach Reifegradstufen

Quelle: eigene Darstellung

7 Forschungsdesign

7.1 Datenerhebung und Vorgehen

Das Forschungsdesign stellt das Konzept dar bzw. beschreibt das Vorgehen, wie und mit welchen Techniken/Methoden die Antworten der Fragestellung erforscht werden können (Operationalisierung der Variablen).

Für die Beantwortung der Forschungsfrage, stellte die Literaturrecherche einen beträchtlichen Beitrag dar. Diese Erhebung und Analyse stellt eine Querschnittsuntersuchung (Stichtag der Erhebung bzw. Momentaufnahme nach Stichtag) dar. Zusätzlich wurde mittels Experteninterviews eine Recherche zur umgesetzten Praxis durchgeführt und das entwickelte Prozessebenenmodell evaluiert.

Konkret lassen sich die angewandten Datenerhebungsmethoden folgend darstellen:

1) Textanalyse (Qualitativ)

   Zu Beginn wird anhand der Stichwortsammlung eine Strukturierung und Hierarchisierung durchgeführt, ein Themenbaum erstellt, die Auswahlkriterien definiert und eine Auswahl an Quellen getroffen. Im Anschluss findet eine Erhebung relevanter Informationen anhand einer umfangreichen Literaturrecherche statt. Anschließend findet die Sammlung, Aufbereitung, Analyse und Zuordnung der erhobenen Informationen samt parallellaufender Dokumentation statt.

2) Experteninterview (Qualitativ)

   „Ein Experteninterview ist, jemanden zu seinem/ihrem Wissen zu befragen"[216]

   „In einem Experteninterview werden Experten Fragen vorgelegt, auf die sie in freier Rede in selbst gewählter (Fach-)Terminologie antworten können. Der Interviewleitfaden will ein themenfokussiertes Gespräch in Gang bringen, nicht aber - mehr oder weniger enge - Antwortkategorien vorgeben, wie das bei stark strukturierten Fragebögen der Fall ist."[217]

   Das Experteninterview zählt zu den qualitativen Methoden der Datenerhebung aufgrund der kleinen Zahl der Befragten und der Offenheit der Fragen.[218]

---

[216] Mieg Harald A., Näf Matthias (2005, S. 8). Vgl. Becker Horst, Langosch Ingo (2002, S. 271).
[217] Mieg Harald A., Näf Matthias (2005, S. 4).
[218] Vgl. Mieg Harald A., Näf Matthias (2005, S. 5). , Vgl. Mayring, Philipp (2010, S. 33).

Laut Einschätzung von Mieg und Näf funktioniert das Experteninterview nur, „wenn der Experte im Fragesteller bzw. Interviewer einen halbwegs kompetenten Gesprächspartner sieht. Das bedeutet, dass der Interviewer die Fachausdrücke und Grundaussagen in dem Fachgebiet des Experten kennen muss. Sonst besteht die Gefahr, dass der Experte den Fragesteller als Laien ansieht und versucht, diesem erst einmal die Grundbegriffe des Faches zu vermitteln."[219]

Grundsätzlich kann bei Erhebungsmethoden sowohl eine quantitative als auch eine qualitative Untersuchung angewandt werden. „Bei *quantitativen* Untersuchungen geht es darum, eine möglichst große Anzahl von Personen zu befragen. Dies geschieht in der Regel mit standardisierten Methoden, d.h. die Befragten können nicht fei angeben, was ihnen wichtig erscheint, sondern müssen ein Raster ausfüllen (z.B. Fragebogen zum Ankreuzen). (…) Bei *qualitativen*, d.h. nicht standardisierten Untersuchungen werden meist offene Fragen gestellt und die Befragten können weitgehend frei erzählen. Die Erhebungsmethode sind hier z.B. teilnehmende Beobachtung, Interviews oder Gruppendiskussionen."[220] Die verwendete Datenerhebungsmethode mittels leitfadengestützten Experteninterview entspricht einer qualitativen Untersuchung.

7.1.1 Vorbereitung

Ein Experteninterview benötigt laut Mieg und Näf einige Vorbereitungen. Hierzu gehört:

- sich mit dem Fachgebiet vertraut zu machen, insbesondere mit den Fachausdrücken und grundlegenden Befunden
- sich über die Fragestellung und das eigene Erkenntnisinteresse klar zu werden
- den richtigen Personenkreis über das ausreichende, erfahrungsgestützte Wissen zu definieren
- die Thematik vorzustrukturieren
- Fragestellungen zu entwerfen
- einen konkreten Interviewleitfaden zu konstruieren (Einstiegsfragen, Frageblöcke usw.) und zu erstellen
- die jeweiligen Interviewtermine zu koordinieren.[221]

---

[219] Mieg Harald A., Näf Matthias (2005, S. 6).

[220] Kutscher, Nadia: qualitative und quantitantive Forschungsmethoden, 08.2004. http://www.uni-bielefeld.de/Universitaet/Einrichtungen/Zentrale%20Institute/IWT/FWG/Jugend%20online/qualitativ.html (16.01.2012).

[221] Vgl. Mieg Harald A., Näf Matthias (2005, S. 10f).

Das konzipierte Experteninterview wurde in drei Blöcke unterteilt. Zunächst (Block 1) wurden im Themenkreis der Forschungsfrage die Experten nach ihrem Wissensstand, anhand des erarbeiteten Leitfragenkatalogs befragt. Dadurch erhält man nicht nur klare Wissensstände, aufgrund von umfangreicher Erfahrung, sondern auch ein Gefühl der Nivellierung des erarbeiteten neuen Ansatzes.

Danach (Block 2) wurden die Experten mit dem neu konzeptionierten Prozessebenenmodell mittels grafisch aufbereiteter Power Point Folien, via iPad konfrontiert. Im dritten Block wurden die Experten über Meinung, Einschätzung, Chance und Verbesserungspotenziale des neuen Ansatzes befragt.

„Ein Leitfaden ist eine hilfreiche Stütze für den Interviewer, um sicherzustellen, dass die Fragen vollständig und hinreichend spezifisch im Gespräch behandelt werden."[222]

7.1.2 Leitfragenkatalog

Folgender Leitfragenkatalog wurde für das Experteninterview erarbeitet:

<hr>

<u>Experteninterview</u>

Interviewpartner (Titel/Name):

Abklären der Frage der Anonymität: ja/nein

Ort:

Datum:

Zeit: Dauer des Gesprächs:

Entwicklung eines generischen Prozessebenenmodells zur standardisierten Geschäftsprozessmodellierung zwischen Strategie und technologiegestützten Maßnahmen.

Systematische Darstellung als Orientierung für die praktische Anwendung

(BLOCK 1)

- Was können Sie sich unter einem generischen Prozessebenenmodell vorstellen?
- Welche standardisierten Prozessebenenmodelle kennen sie?
- Vorteile/Nachteile der vorhandenen Prozessebenenmodelle?
- Wie sind bestehende Prozessebenenmodelle in Strategie und IT eingebunden?

<hr>

[222] Mieg Harald A., Näf Matthias (2005, S. 10).

- Welche Möglichkeiten der bestehenden Prozessebenenmodelle gibt es, um Standardisierung von wertschöpfenden Prozessen zu fördern?
- Was sind die künftigen Anforderungen an eine Prozesslandkarte und wie können diese integriert werden?
- Wie können strategische Anforderungen in den Prozessstandard integriert werden?
- Welche standardisierten Frameworks kennen Sie?
- Wie können standardisierte Frameworks wie z.B. ITIL, eTOM, SAP, SOA, COBIT in die Detailprozesse einfließen bzw. integriert werden?
- Wäre eine Zuordnung der Detailprozesse zu Prozesskategorien nützlich?
- Wie kann zweckmäßig eine Verbindung zwischen den Prozessen und den IT Services hergestellt werden?
- Welche Möglichkeiten bestehen in der Definition von Prozessbausteinen?

Vorstellung des neuen Prozessebenenmodells via iPad	(BLOCK 2)

- Was ist Ihr Eindruck von diesem neuen Ansatz? (BLOCK 3)
- Was wären die Voraussetzungen, damit der Einsatz des neuen Prozessebenenmodells erfolgversprechend wäre?
- Kennen Sie vergleichbare Ansätze?
- Gibt es aus Ihrer Sicht Verbesserungspotenziale?
- Ist dieses Prozessebenenmodell für alle Unternehmensgrößen geeignet?
- Wäre die Zweckmäßigkeit für jedes Unternehmensgeschäftsfeld gegeben bzw. gäbe es Einschränkungen nach Branche, Wirtschaftssektor, öffentlichem Sektor oder Ähnlichem?
- Wie können bestehende Geschäftsprozessmodelle in das Prozessebenenmodell überführt werden?
- Welche unterschiedlichen Vorgehensweisen ergeben sich in der Geschäftsprozessmodellierung anhand des Prozessebenenmodells?

7.1.3 Durchführung

Je Interview wurde ein Experte befragt und ein Zeitrahmen von eineinhalb Stunden geplant.

Im Zuge des Interviews wurden die Antworten protokolliert und zusätzlich Notizen über Reaktion, Betonung, Körpersprache und Ausdruck erstellt. Neue Fragen und Erkenntnisse kamen dabei nicht auf. Konnte im Zuge der Befragung der verwendete Begriff nicht sofort eingeordnet werden, so wurde versucht, eine Erklärung aus der Literatur anzuführen.

Mieg und Näf definieren ein Handprotokoll wie folgt: „In ein Handprotokoll notiert man in gekürzter Fassung die Aussagen des Experten und eventuell weitere Hinweise."[223]

7.1.4 Nachbereitung

„Jedes qualitative Interview muss nachbereitet werden, bevor das nächste Interview geführt wird. In der Regel werden dafür die Handnotizen in ein Dokumentationsschema übertragen. Das dient der Prüfung der Informationen auf Vollständigkeit und Spezifikation im Hinblick auf eine Verbesserung der Interviewtechnik und des Gesprächsleitfadens (Frageformulierungen, neue inhaltliche Aspekte)."[224]

Besondere Einflüsse und Eindrücke der Interviewsituation, der persönliche Eindruck über den Gesprächspartner und eine Nachprüfung über relevante Fragestellungen schlossen die Nachbearbeitung des jeweiligen Interviews ab.

7.2 Auswertungskonzept

Folgend wird dargestellt, wie sich grundsätzlich das Vorgehen bei der Auswertung aller erhobenen Daten und Materialien gestaltet.

1) Qualitative Inhaltsanalyse der Textanalyse

   Aus der Erhebungsmethode der Textanalyse werden Übereinstimmungen und Abweichungen analysiert und aufbereitet. Dabei wurden alle relevanten Passagen, Grafiken und Tabellen in den Büchern mittels eines Leuchtstiftes markiert. Um im Zuge der Erstellung der Master Thesis flexibel nach Stichwörtern, Kategorien und Inhalten des sondierten Literaturinhaltes suchen zu können, wurden alle relevanten Informationen in einer Excel-Liste erfasst. Mittels der Excel Filterfunktion können benötigte Informationen je Spalte selektiert und die betroffenen Datensätze angezeigt werden.

---

[223] Mieg Harald A., Näf Matthias (2005, S. 18).
[224] Mieg Harald A., Näf Matthias (2005, S. Anhang XVII).

2) <u>Qualitative Inhaltsanalyse der Experteninterviews</u>

Prinzipiell gilt, „Je klarer Sie das Interview vorbereiten und je enger Sie es an Hypothesen orientieren, umso geringer ist der Auswertungsaufwand."[225] Da von den Experten ein möglichst kontextfreies Sachwissen erfragt werden soll und somit ein größerer Spielraum zur Beantwortung vorhanden ist, so ist der Schwerpunkt der Auswertung nach

- den feldspezifischen Fachtermini,
- der thematischen Zusammenfassung (Paraphrasierung)
- und den systematischen Zusammenhängen

zu setzen.

„Als Paraphrasierung wird in der Kommunikationstheorie die sachliche Wiederholung einer empfangenen Botschaft mit den eigenen Worten verstanden."[226] Die Inhaltsanalyse wurde anhand eines Kategorienschemas durchgeführt.

7.2.1 Kategorienschema für die qualitative Inhaltsanalyse der Experteninterviews

„Das Kategorienschema ist das zentrale Element der Inhaltsanalyse. Dabei sind folgende Schritte vorzunehmen:

- Identifizierung der relevanten Dimensionen der Fragestellung. Diese können sich auf die Inhalte, aber auch auf formale Gesichtspunkte des Textmaterials beziehen.
- Zerlegung des Textes in seine Einzelbestandteile, die sog. Zähleinheiten. Diese sollen dem Kategorienschema zugeordnet werden.
- Auf der Grundlage des 1. und 2. Schrittes werden Schlussfolgerungen gezogen, die über das einzelne Dokument hinausgehen.

Das endgültige Kategorienschema sollte folgende Eigenschaften erfüllen:

- Die Kategorien dürfen sich nur auf eine Dimension beziehen, nie auf Mehrere.
- Die Kategorien müssen einander ausschließen.
- Die Kategorien müssen vollständig und hinreichend klar definiert sein.
- Jede Zähleinheit muss sich einer definierten Kategorie zuordnen lassen."[227]

---

[225] Mieg Harald A., Näf Matthias (2005, S. 21).
[226] Vgl. Mayring, Philipp (2010, S. 70).
[227] Litz, Hans-Peter: Konzepte und Definitionen im Modul Die Inhaltsanalyse, 06.2010. http://viles.uni-

Folgendes Kategorienschema wurde für die Inhaltsanalyse erarbeitet:

Kategorien:	Stichworte/Beispiele:
A: bestehende Prozessebenenmodelle	Verständnis eines Prozessebenenmodells, abstrakte Beschreibungen
A1: Ebenenarten	Bezeichnungen der bekannten Ebenen
A2: bestehende Standards	Haupt- Detailprozesse
A3: Integrationsmöglichkeiten der bestehenden Standards in das bestehende Prozessmanagement	Integrationsprojekt, Konsolidierung der Prozesse
A4: bestehende Frameworks	ITIL, eTOM, CoBit
A5: Anwendungsarten der Frameworks	Nach Branche, nach gesetzl. Bestimmungen
A6: Integrationsmöglichkeiten der bestehenden Frameworks in das bestehende Prozessmanagement	Eigenständiges Framework, ab Detailprozessebene, nach Sichten......
A7: Vorteile der bestehenden Modelle	Bekanntheitsgrad
A8: Nachteile der bestehenden Modelle	Es wird auf die Ausführenden keine Rücksicht genommen
A9: Prozesskategorien	Nach Produkten, Services
A10: Möglichkeiten von Prozessbausteinen	Konnex zur IT, Zusammenfassung von Services und Funktionalitäten
B: Konnex Strategie	BSC nach Porter
B1: Prozesslandkarte	Anforderungen, Ableitungen
B1.1: Verantwortlichkeiten	Nach Organisationen, Wertschöpfungsprozessen usw.
B1.2: Struktur	Mgmt.- Support- Kernprozesse
B2: Ableitung aus Strategie	Aus BSC zu Prozesszielen
C: Konnex Informationstechnologie	SOA, über Anwendungscluster, Matrixzuordnung
C1: Verbindung Prozess und IT Service	Individuell, nach Prozessbausteinen, nur in groben Kategorien
D: Standardisierung von Prozessen	Arten der Möglichkeiten
D1: Standardisierung nach IT	Nach Systemen, Applikationen
D2: Standardisierung nach Methodenvorgaben	Masterprozesse zur Ableitung
D3: Standardisierung nach Prozessinhalten	Produktgruppen, Vertriebsschienen, Ordermöglichkeiten
E: Neuer Prozessebenenmodellansatz	Meinung, Urteil, Nutzen

oldenburg.de/navtest/viles0/kapitel02_Ausgew~aehlte~~lMethoden~~lder~~lDatenerhebung/modul03_Die ~~llnhaltsanalyse/ebene01_Konzepte~~lund~~lDefinitionen/02__03__01__01.php3 (12.01.2012).

E1: Voraussetzungen für den Einsatz	Organisation, Verständnis
E2: Benchmark	Ähnliche Ansätze - Auflistung
E3: Verbesserungspotenziale	Ausführung, Wording
E4: Einsatz in Unternehmen	Generell
E4.1: Großunternehmen	Aufgrund der Komplexität
E4.2: Klein-Mittelst. Unternehmen (KMU's)	Allgemein gültig, variabel gestaltet
E4.3: Sonstige	Nach Branchen/Sparten/Sektoren, bestimmte Voraussetzungen
E5: Integration von bestehenden Geschäftsprozessmodellen	Auflistung der generellen Möglichkeiten, Grundaussagen
E5.1: Arten	Komplette Integration, nur neue Projekte/Prozesse, alle Prozesse aus Lebenszyklus
E5.2: Vorgehen	Step by Step, nach Kernprozessen, nach strategischer Relevanz
E6: Künftige Geschäftsprozessmodellierungsarten anhand des neuen Prozessebenenemodells	Anhand Masterprozessen, Prozessbausteinen, nach Sichten, Prozesskategorien

Tabelle 19: Kategorienschema
Quelle: eigene Darstellung

7.2.2 Auswahl der Experten

Nach der Erarbeitung des Leitfragenkatalogs und des Kategorienschemas für die qualitative Inhaltsanalyse musste der richtige Personenkreis ausgemacht werden, welcher über das ausreichende, erfahrungsgestützte Wissen verfügt. „Grundsätzlich ist ein Experte jemand, der/die aufgrund langjähriger Erfahrung über bereichspezifisches Wissen/Können verfügt."[228]

Für die Auswahl der Experten sprachen

- die sehr guten und persönlichen Kontakte,

- die in der Branche oft bezeichneten Koryphäen auf dem Gebiet des Prozessmanagements,

- der jahrelange Praxisbezug im Prozessmanagement-Consulting

- und der abgesicherte Literaturrahmen, indem diese Experten teilweise selbst als Buchautoren auftreten.

---

[228] Mieg Harald A., Näf Matthias (2005, S. 7).

Namentlich waren das die Experten:

* Univ.-Lekt. DI Dr. Karl Wagner (Geschäftsführender Gesellschafter der Fa. PROCON, Vorstand der Gesellschaft für Prozessmanagement, Buchautor Performance Excellence [2007], PQM Prozessorientiertes Qualitätsmanagement [2010], Von Prozessmodellen zu lauffähigen Anwendungen [2005])
* Univ.-Lekt. DI Dr. Christian Fichtenbauer (Geschäftsführer CF Consult)
* Dr. Stefan Bergsmann (Geschäftsführer Österreich der Horváth & Partner Management Consulting GmbH, Buchautor: End-to-End Geschäftsprozessmanagement [2012])
* DI Burkhard Neuper (Geschäftsführer der Komplement Management Services)

Aufgrund der Anzahl der befragten Experten besitzt diese Studie einen explorativen Charakter. Um eine umfassend fundierte und verallgemeinerbare Aussage treffen zu können, müsste ein weitaus mehr ausgedehnter Expertenkreis aus unterschiedlichen Branchen und mit internationalem Praxisbezug herangezogen werden.

Vor dem ersten Interview musste noch das generische Prozessebenenmodell grafisch in Power Point ausgearbeitet und dargestellt werden, damit den Interviewpartnern detaillierte Informationen und eine konkrete Vorstellung des Konzeptes des generischen Prozessebenenmodells vermittelt werden konnte.

Alle Interviews fanden im Zeitraum zwischen 25.07.2011 und 12.10.2011 statt und dauerten jeweils im Schnitt 1,5h.

7.2.3 Vorgehen der Datenauswertung der Experteninterviews

Die Mitschriften aus den einzelnen Interviews wurden in thematische Abschnitte eingeteilt, den Kategorien laut Kategorienschema zugeordnet und je nach Informationsgehalt nach den verwendeten Begriffen der Experten zusammengefasst und letztendlich in eine Excel-Liste konsolidiert.[229]

---

[229] Vgl. Mayring, Philipp (2010, S. 70).

Kategorien:	DI. Dr. Karl Wagner	Dr. Stefan Bergsmann	Univ.Lektor Dipl.Ing.Dr.Techn. Christian Fichtenbauer	Dipl. Ing. Burkhard Neuper	Stichworte/Beispiele:
	27.09.2011	05.09.2011	25.07.2011	12.10.2011	
A: bestehende Prozessebenenmodelle	vertikale & horizontale Struktur, Gliederung nach Kategorien, Darstellung der Ablauforg. => Verbindung zum Mensch zu stande bringen	Detaillierungsgrad der Prozessebenen	abstrakte Ebene, alle Aktivitäten enthalten, fix strukturierte Modelle, schwierig für Umsetzung, vielleicht Branchenlösungen, Gefahr besteht in 1:1 Einführung der Prozessmodelle	U-Modell in unterschiedlichen Detaillierungsstufen mit einem standardisierten Sprachschatz (im Sinne der Informatik)	Verständnis eines Prozessebenenmodells, abstrakte Beschreibungen
A1: Ebenenarten	Hauptprozesse, Teilprozesse, Infoobjekte, Handbücher	Prozesslandkarte, Hauptprozesse, Detailprozesse			Bezeichnungen der bekannten Ebenen
A2: bestehende Standards		Prof. Rummler, eigenes System			Haupt- Detailprozesse
A3: Integrationsmöglichkeiten der bestehenden Standards in das bestehende			Standards nur als Vorlage verwenden => Ableitung in firmeneigene Standards		Integrationsprojekt, Konsolidierung der Prozesse
A4: bestehende Frameworks	HiSmo, ITIL, 9004, eTOM, GMS (Gesundheitsmgmt.), AS9000, Military Standards 109	Controlling Referenzmodell, ITIL, COBIT, Score	ITIL, eTOM, COBIT, Zachmann, Tif, Score	ISO 15504, CMMI, IT Frameworks - ITIL - ISO 20000 - COBIT, SPICE, ISO 9000, OHSAS 18000,	ITIL, eTOM, CoBit
A5: Anwendungsarten der Frameworks					Nach Branche, nach gesetzl. Bestimmungen
A6: Integrationsmöglichkeiten der bestehenden Frameworks in das bestehende	Framework kann die Ableitung eigener Prozesse unterstützen	standardisierte Bausteine => Vergleichsmöglichkeiten gegeben	Zuordnung mit spezieller Sicht, zielabhängig	Framework gibt nur den Rahmen für die Detailprozesse vor, inhaltl. Anforderung an den Prozess	Eigenständiges Framework, ab Detailprozessebene, nach Sichten......
A7: Vorteile der bestehenden Modelle	Ordnung herstellen, Begriffs wirrwarr entgegenen, horizontale & vertikale Überlegungen	Detaillierungsgrad je Ebene		Komplexer Gegenstand wird untersuchbar gemacht	Bekanntheitsgrad
A8: Nachteile der bestehenden Modelle	Führungskräfte & MA ist dieses Denken bzw. Begreifen nicht vorhanden, nicht intuitiv verstehbar	keine	dass man sie für bare Münze hält, wird nicht auf Individuen Rücksicht genommen welche auf dem Prozess arbeiten	Modell ist eine spezielle Abbildung der Wirklichkeit im Sinne der Vereinfachung	Es wird auf die Ausführenden keine Rücksicht genommen
A9: Prozesskategorien	nützlich	ja, nach Schlüsselprozessen	ja, Zuordnung abhängig der Wahl der geeigneten Methode, keine Ebene sondern mehrdimensionaler Würfel		Nach Produkten, Services
A10: Möglichkeiten von Prozessbausteinen	hohes Standardisierungspotential	nach Referenzmodelle für Benchmarks	Viele, wiederverwendbar, kann Prozessgruppe sein => je nach Anwendung	standardisierte Teilabläufe, Verhinderung an Varianten von Prozessen	Konnex zur IT, Zusammenfassung von Services und Funktionalitäten
B: Konnex Strategie	unterschiedlich, hängt von der Führung ab, zumeist nicht eingebunden	Strategy Process Alignment Matrix von Horvath & Partner	gar nicht	Strategieplanungsprozess um Auswirkung & Konsequenzen der strategischen Entscheidungen assoziieren zu können	BSC nach Porter
B1: Prozesslandkarte	Konventionen, einfach verständlich, selbsterklärend, Usability, Objektstruktur als Verknüpfungsmöglichkeit in Tools	e2e Sicht, operative Steuerung/strategische Steuerung, SLA Zuordnung	so generisch als möglich, Verständnis der Verantwortung entlang der wertschöpfenden Prozesse schaffen	muss offenes System sein, gesamte Compliance muss abbildbar sein	Anforderungen, Ableitungen
B1.1: Verantwortlichkeiten					Nach Organisationen, Wertschöpfungs-prozessen usw.
B1.2: Struktur					Mgmt.- Support- Kernprozesse
B2: Ableitung aus Strategie		Matrix => Strategieableitung	Infos sollen Anwender rasch selbst ändern können		Aus BSC zu Prozesszielen
C: Konnex Informationstechnologie	unterschiedlich, hängt von der Führung ab, zumeist nicht eingebunden	IT => BPML & Workflow	gar nicht	IT Standards (Prozesse), Vorgehensmodell (Softwareengineering)	SOA, über Anwendungscluster, Matrixzuordnung
C1: Verbindung Prozess und IT Service	Prozessdefinition Input/Output, IT Systeme und Anforderungen => SLA	höher aggregierte Definition von Services	von Prozessen zu individueller Sicht (Kontrollflußorientierung)	IT Prozess => Datenstruktur	Individuell, nach Prozessbausteinen, nur in groben Kategorien
	branchenspezifisch, es gibt weniae		keine Möglichkeiten, gleiche		

Abbildung 45: Auszug aus der konsolidierten Excel-Liste auf Basis des Kategorienschemas
Quelle: eigene Darstellung

Dabei handelte es sich oft nicht um wissenschaftliche Begriffe, sondern um Redewendungen aus dem Berufsalltag des Experten. Um möglichst interviewnahes „Rohmaterial" zu gewinnen, wurden diese Redewendungen in den Zusammenfassungen zunächst möglichst unverändert verwendet.

Nun wurde das geordnete Material interpretativ aufgearbeitet. Das Ziel war, die Gemeinsamkeiten und Unterschiede zwischen den Aussagen der verschiedenen Experten herauszuarbeiten und in einem Prozess schrittweiser Verallgemeinerung, eine theoretische Rekonstruktion der Expertenaussagen zu gewinnen. Dabei mussten fallweise die Schlüsselbegriffe der einzelnen Experten zu abstrakteren und wissenschaftlichen Begriffen umgeformt werden. Des Weiteren galt es die Begrifflichkeiten der verschiedenen Experten, je Kategorie miteinander zu vergleichen. Im günstigen Fall lassen sich normalerweise keine gravierenden Unterschiede feststellen und es lässt sich eine vereinheitlichte Begrifflichkeit für die Darstellung des ganzen Materials finden. Anderenfalls müssten die Unvereinbarkeiten herausgearbeitet und interpretiert werden.

Die so gewonnene, materialnahe, theoretische Rekonstruktion der Interviewaussagen, wurde nun mit dem Theorieansatz verglichen, von dem her die Hypothese ursprünglich formuliert wurde. Dies hätte noch Anlass zu Änderungen oder Erweiterungen der Begrifflichkeiten und theoretischen Grundannahmen geben können. Erst wenn durch einen solchen sorgfältigen Vergleich festgestellt worden ist, dass die theoretischen Grundannahmen und Begrifflichkeiten von Experten und Interviewer übereinstimmen, ist gesichert, dass die Expertenaussagen auch tatsächlich Antworten auf die ursprüngliche Hypothese geben und keine grundsätzlichen Missverständnisse vorliegen.[230]

Im Anschluss wurden alle Kernaussagen interpretiert, verglichen, die Unterschiede ausgearbeitet, verallgemeinert und in eine anonymisierte Gesamtaussage verfasst.

Diese Gesamtaussagen werden einerseits im Kapitel 4 „Empirische Studie über die umgesetzte Praxis" und andererseits im Kapitel 7.3.2 „Evaluierung des Prozessebenenmodells durch die Experten„ angeführt.

7.3 Beantwortung der Forschungsfrage

7.3.1 Literaturrecherche

Anbei wird eine Zusammenfassung aus den Kapitel 3, der Theoretischen Grundlagen, fokussiert auf das Thema Prozessebenenmodell, angeführt.

---

[230] Vgl. Mieg Harald A., Näf Matthias (2005, S. Anhang XVIIIf).

Literaturrecherche nach definierten Prozessebenenmodellen

Es konnten keine theoretischen Konzepte über detailliert beschriebene Prozessebenenmodelle gefunden werden.

Literaturrecherche nach Prozessebenenbezeichnungen

Es gibt lediglich eine Vielzahl unterschiedlich verwendeter Prozessebenenbezeichnungen von Autoren, in Standard-Referenzmodellen und in Unternehmen.

Literaturrecherche nach Detaillierungsgraden von Prozessebenen

Es gibt viele Definitionen ähnlichen Inhaltes über die Detaillierungstiefen der Geschäftsprozessmodellierung, wobei nicht genau beschrieben wird, wie eine Strukturie-
rungs- Detaillierungsebene- oder Hierarchieebene aussehen könnte.

Eine generelle Regelung für die Anzahl der Detaillierungsebenen kann ebenso nicht
erkannt werden.

Literaturrecherche über das Fehlen einer Konkretisierung von Prozessebenen

Es gibt viele methodische Konzepte/Modelle, in denen nicht konkret auf Prozessebenen oder Detaillierungsebenen eingegangen wird.

Bestehende wissenschaftliche Vergleiche

Es wurden bereits zwei Vergleiche von Konzepten zur Geschäftsprozessmodellierung
durchgeführt, worin kein detailliert beschriebenes Prozessebenenmodell vorgefunden
werden konnte.

1. *Wöss, Philipp (2009): Aktuelle Konzepte zur Modellierung von Geschäftsprozessen - ein kritischer Vergleich* [231]
2. *Shoshak, Azita (2008): Methodischer Vergleich von Konzepten zur Geschäftsprozessmodellierung* [232]

Aus Gründen der Absicherung der bisherigen Annahmen/Ergebnisse, wurde der Autor
Wöss Philipp mit dem Ersuchen kontaktiert, in seinen Unterlagen der erhobenen
Methoden explizit nochmals auf das Vorhandensein eines detailliert beschriebenen
Prozessebenenmodells oder einer Beschreibung ähnlichen Inhalts zu suchen. Der
Autor führte eine Sichtung seiner damaligen Forschungsarbeit durch und bestätigte
mein bisheriges Rechercheergebnis.

---

[231] Wöss, Philipp (2009).
[232] Shoshak, Azita (2008).

Zusammenfassend lässt sich festhalten, dass in der Literatur zwar ein Überangebot an Prozessebenenbezeichnungen vorgefunden werden konnte, jedoch ein Vorkommen eines detailliert beschriebenen Prozessebenenmodells nicht gefunden wurde. Dieses bestätigt die Relevanz der Forschungsfrage.

7.3.2 Evaluierung des Prozessebenenmodells durch die Experten

Das neu entwickelte Prozessebenenmodell wurde auf deren Tauglichkeit in Bezug auf die Forschungsfrage durch die Experten evaluiert und eine Beurteilung eingeholt. Nachstehend werden die befundenen Ergebnisse in Form einer anonymisierten Gesamtaussage angeführt.

Aus den Expertengesprächen konnte ein einheitliches Bild mitgenommen werden. Das neu entwickelte Prozessebenenmodell wurde als vollständig, durchdacht, in sich schlüssig, logisch aufgebaut, spannend, standardisierungsfördernd, komplex und sehr gut bewertet. Ein Experte hob diesen Ansatz besonders hervor, indem dieser es mit „funktioniert genau so" beurteilte und ein weiterer Experte führte an, dass dieses Prozessebenenmodell die vorhandenen Probleme abdeckt. Die Voraussetzungen für den produktiven Einsatz würden im Verständnis, im Einsatz eines objektorientierten Tools, in der Sicherstellung einer Konsistenz der Prozessbausteine, im einheitlichen Umgang mit Prozessen und in die Einbindung in die Strategieplanung bestehen. Grundsätzlich konnten keine vergleichbaren Ansätze aus der Praxis gefunden werden. Einzelne Grundideen würden bereits fragmentiert angewandt werden. Aus Sicht des Merkmales eines Gesamtkonzeptansatzes würde rudimentär ein eventueller Bezug zum Siemens House oder zum ARIS Grundkonzept vorherrschen. Ein dynamischer Aspekt ähnlich einem Lebenszyklus oder ein Rollenmodell wurden als Erweiterungspotenziale vorgeschlagen. Einzig beim Einsatz nach Unternehmensgrößen gab es unterschiedliche Meinungen. Einerseits gäbe es keine Einschränkung nach Unternehmensgröße, da es ein generisches Prozessebenenmodell wäre und andererseits wurde der Schwerpunkt beim Einsatz in voller Ausprägung eher in größeren Unternehmen empfunden. Bei einer fallweisen Einsatzeinschränkung nach Branche oder Sparte, wurde dieser Ansatz einheitlich als unabhängig des Unternehmensgeschäftsfeldes gesehen. Bei der Überführung von bestehenden Geschäftsprozessmodellen in das neue Prozessebenenmodell wurden alle fünf dargestellten Möglichkeiten als universell und vollständig erörtert.

Zusammenfassend lässt sich feststellen, dass die Experten durch die Evaluierung das neu entwickelten Prozessebenenmodells als Antwort der Forschungsfrage bestätigen.

7.3.3 Nutzen des Prozessebenenmodells (PrEMo)

Mit der Einführung und Umsetzung des generischen Prozessebenenmodells (PrEMo) sind sowohl qualitative als auch quantitative Nutzenpotenziale verbunden, die den Anforderungen die Forschungsfrage gerecht werden.

Das neu entwickelte Prozessebenenmodell ist grundsätzlich flexibel für den Einsatz anwendbar und stellt kein starres Korsett dar.

Zu den Nutzenpotenzialen des generischen Prozessebenenmodells zählen:

- Sicherung der Neutralität für den Einsatz durch Toolunabhängigkeit
- Förderung von Standardisierung und die Wiederverwendbarkeit von Definitionen (Prozessbausteine, Musterprozesse etc.)
- Erhöhung der Flexibilität, Transparenz und Durchgängigkeit
- Schnellere Erarbeitung und Erreichung der Prozessziele
- Flexible Handhabung der Prozessebenen, welche keiner starren Vorschrift gleichkommt, sondern einer Empfehlung entspricht
- Steigerung der Standardisierung durch klare Strukturen
- Erhöhung der Potenziale durch neue methodische Ansätze
- Steigerung der Qualität, Kosten und Zeit in der Geschäftsprozessmodellierung
- Senkung des Aufwandes der laufenden Prozessimplementierung, -änderung und -wartung
- Reduktion des Schulungsaufwandes bei allen Stakeholder bei sich stetig ändernden innovativen und strategischen Prozessvorgaben
- Erleichterung des Umgangs für Prozessmanager, welche nicht permanent Prozessarbeit leisten
- Entlastung bei der Integration bestehender Prozessdokumentationen durch verschiedene Überführungsmöglichkeiten
- Zunahme der Strategieanbindung mittels durchgängigem Top-down Ansatz, ausgehend der Strategie bis zu den technologiegestützten Maßnahmen
- Stärkung der Verknüpfung von Geschäftsprozessen zu den IT-Services
- Förderung der Unabhängigkeit durch einschränkungslosen Einsatz nach Unternehmensgröße, -branche oder -sparte

- Erhöhung des Potenzials zur prozessualen Integration weiterer Management-systeme (internes Kontrollsystem, Risikomanagement, Qualitätsmanagement, Umweltmanagement etc.)
- Zunahme der Erweiterungsmöglichkeit und Steigerung der Kompatibilität mit Sichtenkonzepte (z.B. Organisations-, Funktions-, Daten-, Steuerungs- und Leistungssicht) und Prozessmanagement-Methoden (z.B. Prozesskostenrechnung, Simulation etc.)
- Erhöhung des systematischen Transfers von Best-Practice Ansätzen
- Steigerung der Erkennung und Nutzung von Prozess-Synergiepotenzialen

Im Allgemeinen bildet das Prozessebenenmodell eine ideale Basis für eine unternehmensweit einheitliche Vorgehensweise bei der Geschäftsprozessmodellierung und Standardisierung von generalisierten Prozessvorgaben.

Das neu entwickelte Prozessebenenmodell stellt die Lösung der Forschungsfrage dar und wirkt durch das umfangreiche Nutzenpotential der vorherrschenden Problemstellungen entgegen.

7.3.4 Konsolidierung der verschiedenen Ergebnisse

Zusammenfassend kann man die Konsolidierungsphase folgendermaßen ausdrücken:

- alle relevanten Informationen über bestehende Standards wurden anhand der Literatur erhoben
- die bestehenden Forschungsarbeiten von Philipp Wöss und Azita Shoshak wurden als weitere zentrale Quelle herangezogen
- Die empirische Studie über den Status Quo zur umgesetzten Praxis mittels Experteninterviews ergänzten die vorangegangenen Feststellungen
- Danach galt es eine Zusammenfassung durchzuführen und Interpretationen anzustellen
- Im Anschluss wurde auf Basis der Erkenntnisse und Empfehlungen der Expertenaussagen, den bestehenden Feststellungen aus der Literatur und den Problemstellungen des Forschungsgegenstandes, ein generisches Prozessebenenmodell zur standardisierten Geschäftsprozessmodellierung zwischen Strategie und technologiegestützten Maßnahmen neu entwickelt

Diese Konsolidierung lässt sich grafisch folgendermaßen ausdrücken.

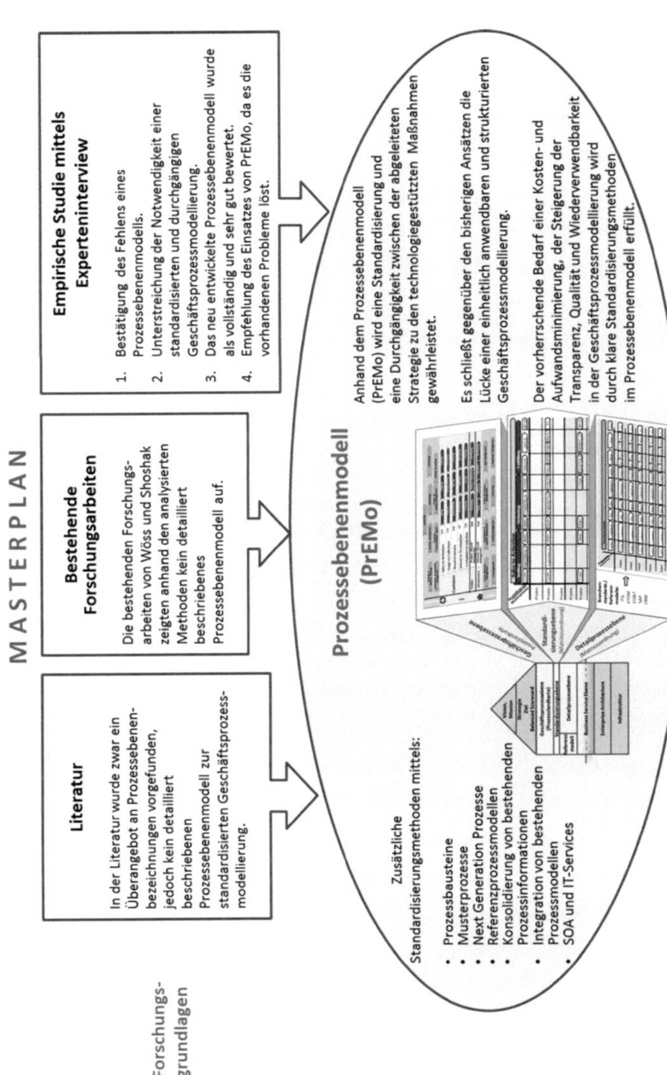

Abbildung 46: Konsolidierung der verschiedenen Ergebnisse
Quelle: eigene Darstellung

7.3.5 Zusammenfassung zur Beantwortung der Forschungsfrage

Aufgrund aller Ergebnisse kann Folgendes zusammenfassend festgehalten werden:

1. Es gibt kein detailliert beschriebenes Prozessebenenmodell, um eine Gegenüberstellung zu dem neu entwickelten Prozessebenenmodell durchzuführen,
   damit Schnittstellen, Abweichungen, Vor-/ Nachteile und Schwerpunkte aufgezeigt werden können.

2. Aus der Literatur können definierte Eckpunkte wie z.B. Standardisierung, Geschäftsprozessmodellierung, Strategiedefinition/-ableitung, Kontext Prozessmodelle zu technologiegestützten Maßnahmen, Standardreferenzmodelle u.ä.
   mit dem neu entwickelten Prozessebenenmodell in Bezug gebracht werden.

3. Das entwickelte Prozessebenenmodell entspricht den Grundaussagen aller
   Prozessebenenbezeichnungen aus der Literatur.

4. Durch die Einordnung des Prozessebenenmodells zwischen der abgeleiteten
   Strategie zu den technologiegestützten Maßnahmen wird eine Durchgängigkeit
   gewährleistet.

5. Die erhobenen Standardisierungsmöglichkeiten zur Geschäftsprozessmodellierung aus der Literatur und den Experteninterviews, finden sich wieder
   im neu entwickelten Prozessebenenmodell. Zusätzlich werden weiterführende
   Ansätze zur Standardisierung aufgezeigt.

Das neu entwickelte Prozessebenenmodell gewährleistet eine durchgängige und
standardisierte Geschäftsprozessmodellierung in Unternehmen. Es schließt gegenüber
den bisherigen Ansätzen die Lücke einer einheitlich anwendbaren und strukturierten
Geschäftsprozessmodellierung ausgehend der Strategie bis zu den technologiegestützten Maßnahmen. Der vorherrschende Bedarf einer Kosten- und Aufwandsminimie-
rung, der Steigerung der Transparenz, Qualität und Wiederverwendbarkeit in der
Geschäftsprozessmodellierung wird durch klare Standardisierungsmethoden im
Prozessebenenmodell erfüllt. Dieses wird auch durch die Bewertung der Experten
unterstrichen. Somit wird die Forschungsfrage beantwortet.

7.3.6 Ausblick

Im Allgemeinen soll das Prozessebenenmodell eine Basis für eine unternehmensweit
einheitliche Vorgehensweise bei der Geschäftsprozessmodellierung und Standardisierung von generalisierten Prozessvorgaben bilden.

Hierfür sind die unterschiedlichen Rahmenbedingungen des jeweiligen Unternehmens
zu berücksichtigen.

Trotz umfassender Behandlung dieser Thematik ergeben sich aus der Entwicklung des Prozessebenenmodells die Fragestellungen, die erst in weitergehenden Forschungen geklärt werden können. Dabei steht die Validierung des Prozessebenenmodells durch einen produktiven Einsatz in einigen Unternehmen im Vordergrund des Interesses.

In der jahrelangen Tätigkeit im Prozessmanagement des Autors dieser Arbeit, konnten Grundansätze des neu entwickelten Prozessebenenmodells bereits in der Praxis eingeführt und auf deren Tauglichkeit getestet werden. Dies betrifft vor allem die in der Master Thesis beschriebenen ersten drei Vorgehen zur standardisierten Geschäftspro-zessmodellierung in einem bestehenden Prozessdokumentationsgefüge. Des Weiteren konnten in der Vergangenheit auch einige Komponenten der Standardisierungsmög-lichkeiten mittels der Prozessbausteine, Musterprozesse und Next Generation Prozes-se erprobt werden. Was jedoch noch nicht in der Praxis zum Einsatz kam, ist der gesamte Umfang aller Anwendungsmöglichkeiten des neu entwickelten, generischen Prozessebenenmodells. Deshalb, weil dafür ein gesundes, voll integriertes, über alle Business Units übergreifendes, ein vom Geschäftsprozess bis zur Informationstechno-logie durchgängiges (anhand der Serviceorientierte Architektur SOA Methode) Pro-zessmanagement etabliert sein müsste.

Eine Möglichkeit besteht nun darin, dass anhand einer weiteren Forschungsarbeit ein Unternehmen, welches die angeführten Voraussetzungen erfüllt, gefunden wird und die Einführung bzw. Etablierung des generischen Prozessebenenmodells begleitet, analysiert und auf deren Stärken/Schwächen geprüft wird.

Ebenso könnte die Studie zur umgesetzten Praxis und der Evaluierung des Prozess-ebenenmodells anhand der erfolgten Experteninterviews um einen ausgedehnteren Expertenkreis aus unterschiedlichen Branchen und mit internationalem Praxisbezug erweitert werden, um eine umfassend fundierte und verallgemeinerbare Aussage treffen zu können.

Eine weitere Option der Fortführung beinhaltet die Erweiterung des entwickelten Standards für die Geschäftsprozessmodellierung anhand des Prozessebenenmodells um die Risikomanagement und internes-Kontrollsystem (IKS) Thematik. Dieses Thema wird bereits im parallel stattfindenden Lehrgang „integrierte Managementsysteme MBA" durch den Autor verfolgt.

Dieses Prozessebenenmodell könnte noch durch die detaillierte IT-Architektur Doku-mentation bzw. einer Dokumentation der technologiegestützten Maßnahmen anhand der SOA Methode ergänzt werden, indem die Enterprise Architectur- und Infrastruktur Ebene behandelt wird.

Auch stellt die Integration der am Markt vorherrschenden Referenzprozessmodelle in die oberste Geschäftsprozessebene eine Möglichkeit zur Erweiterung bzw. Herausforderung dar, da diese zumeist autarke bzw. in sich geschlossene Frameworks darstellen und erst ab einer bestimmten Detaillierungsstufe berücksichtigt werden können.

Weiterführend besteht das Potenzial, eine Studie über standardisierte Prozessbausteine durchzuführen und mit einem inhaltlichen Benchmark abzurunden. Auch könnten die von den Experten angeführten Erweiterungspotenziale um ein Rollenmodell und um einen dynamischen Aspekt ähnlich einem Lebenszyklus, Anlass zu Ergänzungen des Prozessebenemodells geben.

Anhand dieser angeführten Punkte ist zu erkennen, dass das Prozessebenenmodell ein flexibles und erweiterbares Instrumentarium zur standardisierten Geschäftsprozessmodellierung ist.

Der Autor wünscht gutes Gelingen bei der Anwendung des Prozessebenenmodells in der Unternehmenspraxis. Feedback über Erfahrungen und Anregungen werden gerne entgegengenommen (franz.ringswirth@aon.at).

8 Literaturverzeichnis

Abecker Andreas, Hinkelmann Knut, Maus Heiko, Müller Heinz Jürgen (2002): *Geschäftsprozessorientiertes Wissensmanagement*, Heidelberg: Springer Verlag , ISBN 3-540-42970-0

Adolphi, Hendrik (1997): *Strategische Konzepte zur Organisation der betrieblichen Standardisierung*, Berlin: Beuth Verlag , ISBN 3410140506

Ahlrichs Frank, Knuppertz Thilo (2010): *Controlling von Geschäftsprozessen*, Stuttgart: Schäffer-Poeschel Verlag , 2. Auflage, ISBN 978-3-7910-2978-8

Allweyer, Thomas (2009): *BPMN 2.0 Business Process Model and Notation*, Norderstedt: Books on Demand GmbH Verlag , 2. Auflage, ISBN 978-3-8391-2134-4

Anderegg, Brigitte (2000): *IT-Prozessmanagement effizient und verständlich*, Braunschweig Wiesbaden: Gabler Verlag , ISBN 3-528-05744-0

Arndt, Dirk (2008): *Customer Information Management*, Göttingen: Cuvillier, E Verlag , ISBN 978-3867276405

Baschin, Anja (2001): *Die Balanced Scorecard für ihren Informations-Technologie-Bereich*, Frankfurt/Main: Campus Verlag , ISBN 3-593-36715-7

Bea Franz Xaver, Göbel E. (1999): *Organisation*, Stuttgart: Lucius & Lucius Verlag , ISBN 3-8252-2077-X

Bea Franz Xaver, Haas Jürgen (1997): *Strategisches Management*, Stuttgart: Lucius & Lucius Verlag , ISBN 3-8252-1458-3

Becker Horst, Langosch Ingo (2002): *Produktivität und Menschlichkeit*, Stuttgart: Lucius & Lucius Verlag , 5. neu bearbeitete und erweiterte Auflage, ISBN 3-8282-0222-5

Becker Jörg, Delfmann Patrick (2004): *Referenzmodellierung*, Heidelberg: Physica Verlag , ISBN 3-7908-0245-X

Becker Jörg, Kugeler Martin, Rosemann Michael (2008): *Prozessmanagement, Ein Leitfaden zur prozessorientierten Organisationsgestaltung*, Berlin Heidelberg: Springer Verlag , 6. Auflage, ISBN 978-3-540-79248-2

Bergauer, Stephan (2009): *Die Bewertung von Prozessen im Rahmen eines Prozessmanagements*, Magdeburg: Otto-von-Guericke-Universität Verlag , Diplomarbeit

Bergsmann, Stefan (2012): *End-to-End Geschäftsprozessmanagement*, Wien: Springer Verlag , ISBN 978-3-7091-0839-0

Binner, Hartmut F. (2010): *Handbuch der prozessorientierten Arbeitsorganisation*, Darmstadt: Hanser Verlag , 4. Auflage, ISBN 978-3-446-42641-2

Blicke Tobias, Hess Helge, Klueckmann Joerg, Lees Mike, Williams Bruce (2010): *Process Intelligence for Dummies*, Indianapolis, Indiana: Wiley Publishing, Inc. Verlag , ISBN 978-0-470-87620-6

Bloomberg Jason, Schmelzer Roland (2006): *Service Orient or Be Doomed*, New Jersey: John Wiley & Sons Verlag , ISBN 978-0471768586

Bock, Ingo (2010): *Optimierung von IT-Serviceorganisation*, Heidelberg: dpunkt Verlag , ISBN 978-3-89864-667-3

Bräkling Elmar, Oidtmann Klaus (2006): *Kundenorientiertes Prozessmanagement*, Renningen: expert Verlag , Band 12, ISBN 3-8169-2528-6

Brenner, Michael (2007): *Werkzeugunterstützung für ITIL-orientiertes Dienstmanagement*, Norderstedt: Books on Demand Verlag , ISBN 978-3-8370-0201-0

Brocke, Jan Vom (2003): *Referenzmodellierung, Gestaltung und Verteilung von Konstruktionsprozessen*, Berlin : Logos Verlag , ISBN 978-3832501792

Coad Peter, Yourdan Edward (1990): *Object Oriented Analysis*, Englewood Cliffs: Yourdon Press Verlag

Da-Cruz, Christoph (2004): *Analyse der Standardisierbarkeit von Unternehmensberatungsleistungen*, Norderstedt: GRIN Verlag , 978-3-638-80370-0

Eder, Oliver (2007): *Die Frage der Notwendigkeit einer gemeinsamen Sprache im Prozessmanagement*, München: GRIN Verlag , ISBN 978-3-640-10391-1

European Association of Business Process Management, (2009): *Business Process Management, Common Body of Knowledge*, Gießen: Dr. Götz Schmidt Verlag , Version 2.0, ISBN 978-3-921313-80-0

Fischermanns, Guido (2010): *Praxishandbuch Prozessmanagement*, Gießen: Dr. Götz Schmidt Verlag , Band 9, ISBN 978-3-921313-77-0

Fleisch, Elgar (2001): *Das Netzwerkunternehmen*, Berlin Heidelberg: Springer Verlag , ISBN 3-540-41154-2

Fraunhofer Institut für Arbeitswirtschaft und Organisation IAO, (Spath Dieter, Weisbecker Anette, Drawehn Jens) (2010): *Business Process Modeling 2010: Modellierung von ausführbaren Geschäftsprozessen mit der Business Process Modeling Notation*, Stuttgart: Frauenhofer Verlag , ISBN 978-3-8396-0153-2

Freund Jakob, Rücker Bernd (2010): *Praxishandbuch BPMN 2.0*, München Wien: Carl Hanser Verlag , 2. Auflage, ISBN 978-3-446-42455-5

Gadatsch, Andreas (2001): *Management von Geschäftsprozessen*, Wiesbaden: Vieweg Verlag , ISBN 3-528-05759-9

Gareis Roland, Stummer Michael (2007): *Prozesse & Projekte*, Wien: Manz Verlag , 2. Auflage, ISBN 978-3-214-08323-6

Garimella Karin, Lees Michael, Williams Bruce (2008): *BPM-Grundlagen für Dummies*, Indianapolis, Indiana: Wiley Publishing, Inc. Verlag , (Übersetzung Martina Hesse-Hujber), ISBN 978-0-470-37357-6

Gonsior, T. (2010): *Standardisierung vs. Differenzierung, Beschaffungsorientierte Betrachtung der Modularisierung entlang der Wertschöpfungskette*, Köln: Fördergesellschaft Produkt-Marketing e.V. Verlag , 978-3-922292-76-0

Gronau Norbert, Bahrs Julian (2005): *Prozessorientiertes Wissensmanagement: Strategien, Methoden, Erfahrungen und Werkzeuge*, Berlin: GITO Verlag , ISBN 978-3936771558

Grunwald, Stefan (2002): *Methoden zur Anwendung der flexiblen integrierten Produktentwicklung und Montageplanung*, München: Herbert Utz Verlag , ISBN 3-8316-0095-3

Günther, Armin (2008): *Agile Prozesse für IT-Dienstleister*, Saarbrücken: VDM Verlag , ISBN 978-3-8364-6865-7

Hager, Markus (2008): *Wissenstransfer bei österreichischen Telekomunternehmen im Vergleich*, Norderstedt: GRIN Verlag , Diplomarbeit, ISBN 978-3-640-23890-3

Hammer Michael, Champy James (1993): *Business Reengineering: Die Radikalkur für das Unternehmen*, New York: Campus Verlag , (Übersetzung Patricia Künzel), ISBN 3-593-35017-3

Helfrich, Christian (2001): *Praktisches Prozess-Management*, München: Carl Hanser Verlag , ISBN 3-446-21565-4

Hinzen, Melanie (2001): *Prozesse und ihre Modellierung - Dokumentation von Geschäftsprozessen*, Bremen: Grin Verlag , ISBN 978-3-638-10279-7

Huber, Bernhard M. (2009): *Managementsysteme für IT Serviceorganisationen*, Heidelberg: dpunkt Verlag , ISBN 978-3-89864-628-4

itSMF, ISACA (2011): *ITIL-COBIT-Mapping, Gemeinsamkeiten und Unterschiede von ITIL V3 und COBIT 4.1*, Düsseldorf: Symposion Publishing GmbH Verlag , 2. aktualisierte Auflage, ISBN 978-3-939707-82-0

Jochem Roland, Mertins Kai, Knothe Thomas (2010): *Prozessmanagement Strategien, Methoden, Umsetzung*, Düsseldorf: Symposion Verlag , ISBN 978-3-939707-56-1

Josuttis, Nicolai (2009): *SOA in der Praxis*, Heidelberg: dpunkt Verlag , 1. Auflage 2008 - Korrigierter Nachdruck, ISBN 978-3-89864-476-1

Kaplan Robert S., Norton David P. (1997): *Balanced Scorecard*, Stuttgart: Schaeffer-Poeschel Verlag , (Übersetzung: Peter Horvath, Beatrix Kuhn-Würfel, Claudia Vogelhuber), ISBN 3-7910-1203-7

Kaplan Robert S., Norton David P. (2004): *Strategy Maps*, Stuttgart: Schäffer - Poeschel Verlag , (Übersetzung: Peter Horvath, Bernd Gaiser), ISBN 3-7910-2239-3

Karer, Albert (2007): *Optimale Prozessorganisation im IT-Management*, Berlin Heidelberg: Springer Verlag , ISBN 978-3-540-71557-3

Knuppertz, Thilo (2009): *Prozessmanagement für Dummies* , Weinheim: Wiley-VCH Verlag , ISBN 978-3527703715

Krause, Eric (2008): *Methode für das Outsourcing in der Informationstechnologie von Retail Banken*, Berlin: Logos Verlag , ISBN 978-3-8325-1967-4

Kuhlang, Peter (2010): *GPM Geschäftsprozessmanagement-Tools, Markstudie 2010*, Wien: NWV Neuer Wissenschaftlicher Verlag , ISBN 978-3-7083-0726-8

Kutscher, Nadia (Wissenschaft öffentlich, Universität Bielefeld) (2004): Qualitative und quantitative Forschungsmethoden, [http://www.uni-bielefeld.de/Universitaet/ Einrichtungen/Zentrale%20Institute/IWT/FWG/Jugend%20online/qualitativ.html] (Zugriff: 16.01.1012).

Lenz, Günter (2008): *Integriertes Prozessmanagement*, Norderstedt: Books on Demand GmbH Verlag , 2. Auflage, ISBN 3.8334-2872-4

Liebl Herbert, Strnadl Christoph F. (2011): *BPM Technologien, Informationstechnik zur Prozessmodellierung, Prozessautomatisation und Anwendungsintegration*, Donau Universität Krems, Studienarbeit

Litz, Hans-Peter (2010): Konzepte und Definitionen im Modul: Die Inhaltsanalyse, [http://viles.uni-oldenburg.de/navtest/viles0/kapitel02_Ausgew~aehlte~~l Methoden~~lder~~lDatenerhebung/modul03_Die~~lInhaltsanalyse/ebene01_Kon zepte~~lund~~lDefinitionen/02__03__01__01.php3] (Zugriff: 12.01.2012).

Lombriser Roman, Abplanalp Peter A. (2010): *Strategisches Management*, Zürich: Versus Verlag , 5. vollst. überarb. u. erw. Auflage, ISBN 978-3039091492

Masaaki, Imai (1998): *Kaizen*, Berlin: Ullstein Verlag , 8. Auflage, ISBN 3-548-35332-0

Matsumura Miko, Brauel Björn, Shah Jignesh (2009): *SOA-Einführung für Dummies*, Indianapolis, Indiana: Wiley Publishing, Inc. Verlag , (Übersetzung Ruth Simons), ISBN 978-0-470-48333-6

Mayring, Philipp (2010): *Qualitative Inhaltsanalyse, Grundlagen und Techniken*, Weinheim und Basel: Beltz Verlag , 11. Auflage, ISBN 978-3-407-25533-4

Mieg Harald A., Näf Matthias (2005): *Experteninterviews*, ETH Zürich: Institut für Mensch-Umwelt-Systeme (HES) Verlag , 2. Auflage

Ministerium für Umwelt und Verkehr Baden-Württemberg (2000): *Prozessorientierte Integrierte Managementsysteme*, Karlsruhe, http://www.lfu.baden-wuerttemberg.de

Mintzberg Henry, Ahlstrand Bruce, Lampel Joseph (2007): *Strategy Safari*, Heidelberg: Redline Wirtschaft Verlag , ISBN 978-3-636-01329-3

Österle, Hubert (1995): *Business Engineering, Prozess- und Systementwicklung*, Berlin Heidelberg: Springer Verlag , Band 1, 2.verb. Auflage, ISBN 3-540-60048-5

Osterloh Margit, Frost Jetta (2003): *Prozessmanagement als Kernkompetenz*, Wiesbaden: Dr. Th. Gabler/GWV Verlag , 4. Auflage, ISBN 3-409-43788-6

Paschke, Krzysztof (2011): *Internes Kontrollsystem, Umsetzung Dokumentation und Prüfung*, Norderstedt: Books on Demand Verlag , ISBN 978-3-8423-1436-8

Pongratz, Walter (2009): *Prozessmanagement von der Unternehmensstrategie bis zur IT-Infrastruktur*, München: GRIN Verlag , ISBN 978-3-640-31383-9

Scheer Wilhelm, Jost Wolfram (2002): *Aris in der Praxis*, Berlin Heidelberg: Springer Verlag , ISBN 3-540-43029-6

Scheer Wilhelm, Jost Wolfram, Wagner Karl (2005): *Von Prozessmodellen zu lauffähigen Anwendungen*, Berlin Heidelberg: Springer Verlag , ISBN 3-540-23457-8

Scheer, Wilhelm (2001): *ARIS-Modellierungsmethoden, Metamodelle, Anwendungen*, Berlin Heidelberg: Springer Verlag , 4. Auflage, ISBN 3-540-41601-3

Schmelzer Hermann J., Sesselmann Wolfgang (2010): *Geschäftsprozessmanagement in der Praxis*, München: Carl Hanser Verlag , 7. Auflage, ISBN 978-3-446-42185-1

Shoshak, Azita (2008): *Methodischer Vergleich von Konzepten zur Geschäftsprozessmodellierung*, Berlin: VDM Dr. Müller Verlag , ISBN 978-3-639-00331-4

Siebenbrock, Heinz (2010): *Grundlagen der Organisationsgestaltung und -entwicklung*, Altenberge: niederle Media Verlag , 3. Auflage, ISBN 978-3-86724-166-3

Steinbuch, Pitter A. (2000): *Organisation*, Kiel: Friedrich Verlag , 11. überarb. und erw. Auflage, ISBN 978-3470513713

Trambo Uwe, Müller Martina, Regele Verena, Sontheim Thomas (2010): *Identifikation und Analyse von Prozessrisiken*, Norderstedt: GRIN Verlag , ISBN 978-3-640-59792-5

Volck, Stefan (1997): *Die Wertkette im prozeßorientierten Controlling*, Wiesbaden: Gabler Verlag , ISBN 3-8244-6474-8

Wagner Karl W., Patzak Gerold (2007): *Performance Excellence*, München: Carl Hanser Verlag , ISBN 978-3-446-40575-2

Wagner Karl Werner, Käfer Roman (2010): *PQM Prozessorientiertes Qualitätsmanagement*, München: Carl Hanser Verlag , 5. überarbeitete Auflage, ISBN 978-3-446-41932-2

Wieseckel, Sandra (2003): *Vergleich verschiedener Case-Tools für den Einsatz im konzeptionellen Datenbankentwurf*, Norderstedt: GRIN Verlag , 978-3-638-69854-2

Willan, Thorben (2007): *Konzeptionelle Weiterentwicklung eines Prozessmanagementsystems*, Bremen/Hamburg: Salzwasser Verlag , ISBN 978-3-86741-074-8

Wöss, Philipp (2009): *Aktuelle Konzepte zur Modellierung von Geschäftsprozessen - ein kritischer Vergleich*, Hamburg: Igel Fachbuch Verlag , ISBN 978-3868150827

9 Abbildungsverzeichnis

10 Tabellenverzeichnis

11 Abkürzungsverzeichnis

BPMI ....Business Process Management Initiative

BPML .... Business Process Modeling Language

BPMN ....Business Process Modeling Notation

BPR .... Business Process Reengineering

BSC ....Balanced Scorecard

Case .... Computer-aided software engineering

CMMI ....Capability Maturity Model Integration

EFQM .... European Foundation for Quality Management

EPK ....Ereignisgesteuerten Prozesskette

ERD ....Entity-Relationship-Diagramm

ERM ....Entity-Relationship-Modeling

IKS ....interne Kontrollsystem

IT .... Informationstechnologie

KVP .... kontinuierlicher Verbesserungsprozess

Mgmt .... Management

OMG ....Object Management Group

PLM ....Product Lifecycle Management

PrEMo ....Prozessebenenmodell

PzM .... Prozessmanagement

SLA .... Service Level Agreement

SLM .... Service Lifecycle Management

SOA ....Service-orientierte Architektur

SOM .... semantischen Objektmodellierung

UML ....Unified Modeling Language

WfMC ....Workflow Management Coalition

WS-BPEL ....Web Services Business Process Execution Language

XML ....Extensible Markup Language

XPDL ....XML Process Definition Language